U0279657

NHK 趣味园艺·技能提升系列

造一座小花园

小庭院花坛
12月栽培笔记

[日] 河野义雄 著

谢 鹰 译

机械工业出版社
CHINA MACHINE PRESS

目录

第4章 **4** # 花坛种植与植物的基础知识

专栏

本书的使用方法

本书以小庭院中的一坪花坛（约3.3m²）为主题，用清晰易懂的方式，向各位新手介绍植物的选择、养土、种植、日常养护等相关的内容。即便是园艺熟手，也能通过本书巩固花坛种植的基本功。

小庭院种植的魅力

➔ P.5~24

本部分将介绍一坪小花坛的魅力，讲解在花坛中种植植物前必知的知识与工作，比如怎么根据日照条件选择植物、制订栽培计划等，还配合实际案例，用图片详细说明花坛种植的步骤。针对"第一次种花坛"的读者，会从头开始介绍，并通过图片来展示一年四季的花坛景致。

12月栽培笔记

➔ P.51~92

本部分将按月对花坛的管理养护进行简明易懂的解说。在"本月的建议工作"的专栏中，会介绍那些不是非做不可，却值得尝试的工作。而分株、扦插等特别需要认真学习的工作，则会在对应的月份里通过步骤分解图来详细讲解。

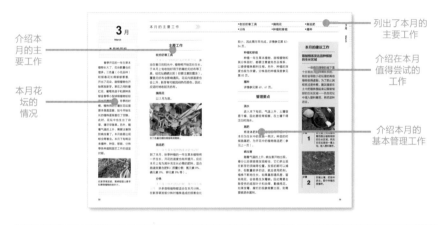

介绍本月的主要工作

本月花坛的情况

列出了本月的主要工作

介绍在本月值得尝试的工作

介绍本月的基本管理工作

严选122种推荐植物

➔ P.25~50

在本部分，笔者把适合种于小型花坛的植物分为宿根植物、一年生和二年生草本植物、观叶植物、球根植物来介绍，其中以宿根植物为主。为了方便在花坛中种植，笔者根据株高把宿根植物划分成矮型（适合种于花坛前排）、中型（适合种于花坛中间）、高型（适合种于花坛后排）三类。

花坛种植与植物的基础知识

➔ P.93~109

本部分总结了打造小型花坛必备的重要知识。
- 种植计划与不同日照条件下的种植示例
- 让花坛四季开花的关键配角——球根植物的生长周期与养护
- 花坛种植、管理所需的工具
- 病虫害的防治

请把这些知识运用在花坛种植与管理上吧。

● 本书的说明是以日本关东以西的地区（平原）为基准。由于地域和气候的关系，植物的生长状态、花期、养护的适宜时间会存在差异。此外，浇水和施肥的量仅为参考值，请根据植物的状态酌情而定。

第 1 章

小庭院种植的魅力

一坪（约 3.3m²）左右的小型花坛也能四季花开，引来蝴蝶飞舞，秋虫鸣叫，充溢生命的气息与季节的缤纷色彩。
如果院子的小角落里有一坪（约 3.3m²）土地，或者一榻榻米（约 1.6m²）大小的空间，不如尝试打造一坪花坛吧！
与花朵相伴的日子将成为您的宝贵时光。本章将介绍花坛种植的实际情况以及一年四季的小花坛景致。

为什么要打造一坪花坛

种植简单，打理起来也简单

即便是小庭院，人们对它的想象也各有不同。本书讲的是如何在房屋周围的小空间——一坪（约3.3m²）左右的土地上，打造一片四季交替开花的美丽花坛。

一坪花坛的优点

- 需要准备的植物（苗）、材料不多，花费的精力和时间也不多。
- 花坛打理起来很轻松，便于观察每一棵植物（便于维持花坛美观）。
- 即便是新手，或者没什么时间管理花坛的大忙人，也完全能打造出美丽的花坛。

花坛打造成功的第一步——熟悉环境条件

想要打造美丽的花坛，最基本的便是熟悉花坛的环境条件，选择适合环境的植物来种植。

环境条件包含以下4点。

① 通风

通风对植物生长至关重要。当花坛被墙壁、建筑物包围，空气不流通时，就应增大植物的间距，减少高大的植物。另外，如果花坛被夹在高层建筑之间，风力强劲，则要避免种植高大的植物和藤本植物。

② 排水

下雨时，您的花坛所在地会积水吗？如果会，就需要在花坛土壤中拌入大量的腐叶土和堆肥以改善排水，并且堆高土壤，抬高种植面。同时，还要避免种植不喜过度潮湿环境的植物。

③ 夏季最高气温和冬季最低气温

您需要了解花坛所处环境的气温，特别是夏季最高气温和冬季最低气温。准备一个可以测这两个气温的温度计，方便您掌握当天的最高气温和最低气温。也许是温室效应的影响，近年来的夏季更热了，冬季则更冷了。夏季的气温越来越高，导致以前能安然度夏的植物开始受到影响。另外，在柏油路、混凝土结构、建筑物密集的区域，气温很容易上升。所以，选择植物的基准应该是能够忍受花坛所处环境的最高气温或最低气温。假如有植物因当年极端的气候条件而有损伤，我们可以将之进行移栽。这一点也算是小花坛种植的优势。

半背阴

右图中的是春季里的半背阴花坛。只要有半天的日照，大部分的草花便能开花。后排的粉色小花植物是耧斗菜，中间的球根植物是葱，前排的小花植物是雏菊。

背阴

对于缺少直射阳光的背阴处，我们可以搭配种植彩叶植物等能够在背阴、半背阴环境中生长的种类，这样营造出来的美景不比鲜花型花坛逊色。这个背阴的角落里种植了矾根、玉簪、大吴风草。

④ 阳光（日照条件）

您需要观察花坛的日照情况：是整片空间都能晒到太阳，还是有部分背阴处；一天下来有几个小时的日照。如果日照时长超过半天（理想情况为正午以前有日照），那么大多数植物都可以栽种在花坛中。即使没有直射阳光，只要花坛对着大马路或者四周有白色的墙壁，明亮的反射光也能令许多草花生长。在日照不足或能形成背阴环境的地方，我们可以花心思来打造适合该处日照条件的花坛，比如在花坛中种植喜欢半背阴、明亮背阴环境的植物。

打造一坪花坛

什么时候打造
适宜时期为春季与秋季

售卖的植物苗几乎都是盆苗，除了盛夏和隆冬，随时都可以种植。但如果您是第一次打造花坛，建议还是选择在春季（3—4月）、秋季（9月中旬至10月）进行。春季气温升高，植物也开始生长。此时栽种的植株将会顺利生长。秋季，宿根植物（多年生草本植物）即将进入休眠状态，可只要在10月种植，植株依然能够顺利地生根，迎接冬季的到来。另外，我们还可以种植今冬明春开花的一年生草本植物、开冬花的小球根植物，说不定能打造出一个令人惊喜的多彩花坛。

需要准备什么

需要准备以下物品。它们大多能够在建材超市和园艺店买到。

花坛的建材	根据预算和使用的方便程度，从砖瓦、枕木、石材（有轻巧方便的人造石材）等材料中选择自己喜欢的即可
肥料与土壤改良材料	用作基肥的肥料、石灰和堆肥或腐叶土等腐殖土
工具	铁锹、移栽铲
植物的苗	画一张简单的图，确定需要准备的植株数量：按种植空间的大小来确定数量。买苗之前，建议您根据日照条件画一张简单的图，再根据苗的体积估算可以种植的数量

注：工具、肥料与土壤改良材料参见第104、105页。

选择植物的要点

花期和株高很关键：要想全年都能欣赏花朵，最好把花期错开的植物混栽在一起。而且，要把矮小的植物种在花坛前排，中等高度的植物种在中间，高大的植物则种在后排。

注意株间距：确定苗的数量时，要考虑株间距的问题，即植株之间的空间。估算好植株的生长程度，以确定植株间的距离。如果株间距较小，植株紧挨在一起，那么闷热的环境容易对植株不利。有的宿根植物长得高大（参见第100页），容易繁殖，栽种时应把株间距留大一些。一般来说，一年生草本植物的株间距为25~30cm，宿根植物的则是30~50cm。

商品苗的大小：用于花坛种植的苗通常种在直径约为9cm或10.5cm的育苗盆里。宿根植物苗则是种在直径约为12cm的育苗盆里，也有的被种在5~6号盆里。如果想在栽种的当年欣赏花朵，可以选择盆栽的大株。另外，为了保证全年都能看到花朵，我们还可栽种一年生草本植物，但至少种3棵才不会显得单薄。

※ 花坛的植栽计划参见第94页。

巧妙利用一年生草本植物，打造花朵常开的花坛

这个花坛建在了日照良好的位置。在宿根植物开花不多的时期，是一年生草本植物点缀了花坛。开黄色和橙色花朵的是糖芥，开紫色花朵的是三色堇。第64、65页将介绍更换植物的步骤。

把宿根植物与一年生和二年生草本植物、球根植物搭配起来

　　了解了环境条件后，接下来就可选择适合环境的植物。

　　植物以宿根植物（落叶性多年生草本植物⊖）为主。它们被种下后，在接下来的许多年便能在固定的时期开出花朵。然而，大多数的宿根植物都只在春秋之间的固定时期开花。

　　要想拥有四季花常开的花坛，就需巧妙地组合花期不同的植物。光是想象每一种植物的花期，脑海里难以形成画面，所以制作一份类似开花月历的图表吧。在月历上划出代表花期的长线，这样一来，没有花开的时段就一目了然了。

　　为了尽量延长花坛植物的开花时间，我们应该搭配好不同的宿根植物，但能种在一坪花坛里的种类实在有限，怎么都会出现开花的空白期。这时，就可以用一年生和二年生草本植物、球根植物来衔接花期。在宿根植物之间腾出小小的种植空间，种上少量的一年生和二年生草本植物、球根植物或观叶植物，这样它们既能成为花坛的亮点，也能让花坛更加有趣和迷人。

　　只要掌握一点儿小窍门，谁都能打造花坛。小花坛不仅造起来简单，打理起来也轻松。

⊖　广义上也包含常绿性多年生草本植物。详情参见第100页。

先绘制简单的植栽图

*示例中的一些宿根植物、一年生草本植物、球根植物，都是秋季栽种后能一直观赏到冬季的植物。

为方便查看，图中不同株高的植物使用了不同的颜色，而浅桃色的为一年生草本植物。
黄绿色：矮　桃色：中　水蓝色：高

向阳处一坪花坛植栽图示例

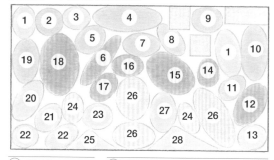

①	发状薹草
②	铁线莲
③	黑铁筷子（也叫黑嚏根草）
④	紫菀
⑤	大丽花
⑥	雪叶菊
⑦	华丽滨菊
⑧	锥花福禄考

⑨	细叶芒	⑰	落新妇	㉕	加勒比飞蓬
⑩	墨西哥鼠尾草	⑱	萱草	㉖	糖芥
⑪	山桃草	⑲	松果菊	㉗	三角紫叶酢浆草
⑫	金球菊	⑳	布谷蝇子草	㉘	圆叶过路黄
⑬	大岛薹草	㉑	黄花蝴蝶叶酢浆草		
⑭	紫霞草	㉒	小花仙客来		
⑮	百子莲	㉓	德国报春花	秋植球根植物除外。	
⑯	荷包牡丹	㉔	三色堇（小花品种）	黑铁筷子适应半背阴环境，因此种 在了高型品种之下。	

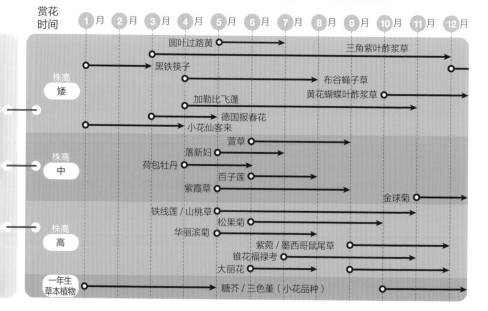

我们开始吧

打造花坛从配土开始。建造花坛的地方需要先除草、整地,再用材料把四周圈起来。

然后是配土。要想让植株开出优质的花朵,先要配制出对植物来说具有足够营养的土壤。要让土壤兼具良好的排水性与保水性、富含有机物,就需要把腐叶土和完熟堆肥充分拌入其中。对于偏酸性的土壤,我们可以在里面加入能把土壤变为弱酸性的石灰材料(有机石灰等)和肥效持久的基肥,并翻耕上层约 30cm 深的土壤。

配土材料

①腐叶土; ②用作基肥的缓释复合肥料(质量分数: 氮元素 6%、磷元素 40%、钾元素 6% 等); ③用作基肥与追肥的缓释复合肥料(质量分数: 氮元素 10%、磷元素 18%、钾元素 7% 等); ④有机石灰。

在每 1m² 的土壤中使用 15L 腐叶土(堆肥),100g 石灰,基肥各 100g。

※这里准备的苗包含开花株,因此两种肥料并用。不过,也可以只用其中一种。

※ 使用完熟的腐叶土和堆肥。腐叶土是落叶腐熟后的产物,堆肥由树皮、牛粪等有机物堆积发酵而成。没完全腐熟的腐叶土和堆肥会产生危害植物根系的气体等。

※ 有机石灰用牡蛎壳研磨而成,因此含有钙元素等,效果温和,可以直接用于种苗。

这里的示例为秋季种植的情况。春季种植的植物会有所不同(参见第 15 页)。

| 步骤 **1** | 为整地后的花坛铺上厚度均匀的腐叶土。 |

| 步骤 **2** | 在腐叶土表面均匀撒上有机石灰,然后均匀施肥。 |

| 步骤 **3** | 用铁锹把腐叶土、有机石灰、肥料充分拌入土壤。 |

11

苗的布置

对照植栽图，把备好的苗摆放在花坛中，调整植株间隔的同时，也构思好如何平衡搭配花色、花期、株高等。在琢磨把秋植球根植物种在哪块区域时，可以先想象它们开花后的样子，然后试着摆放。另外，售卖的宿根植物有种在5~6号盆里的，但如果想在第二年欣赏到花朵，建议选择盆栽花而不是小苗。

备好的一部分苗。

先把准备好的苗布置在花坛中。观察株高、花色等的同时，估算好植株的间距，以达到平衡。

※ 考虑好秋植球根植物与其他花苗的平衡性后，可以把葱属植物、绿花谷鸢尾、双色冰激凌酢浆草、原种系郁金香、雪滴花、葡萄风信子种在其间。
※ 依顺序种植的话，有时会不知道自己把球根种在了哪里，容易不小心把已经种下的球根挖出来，所以应在把花苗全部布置好之后，再种植球根。

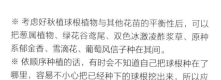

苗布置完毕。花坛左侧的花盆是为计划在春季种植大丽花而做的标记。图中的植株间隔较小（植株长得太大时就进行移栽）。刚种好的样子请参见第16页。

盆苗的种植　3 个步骤

来学习不伤根系的盆苗种植法吧。

| 步骤 1 | 用食指和中指夹住苗的基部，把盆苗倒过来。 |

| 步骤 2 | 用另一只手轻轻拿掉育苗盆。 |

| 步骤 3 | 把苗种进提前挖好的栽植坑。 |

土球苗的种植　轻轻弄散根球

把紧实的根球弄散。图中的苗为铁线莲，根系盘结得略紧实，弄散一半左右即可。

| 步骤 1 | 如果根系盘结得很紧实，就先弄散底部。 |

| 步骤 2 | 图中的是弄散根球后的状态。处理成这个样子后就可以种了。如果一年生草本植物、宿根植物的盆苗也出现了根系盘结的情况，将之轻轻弄散即可。 |

球根的种植　　布置在草花之间

　　不要将球根种成一排，而是在种完草花后，把它们穿插在草花之间，使日后的花朵能自然地探出来。但也要根据球根植物的株高和花朵的大小，把小型品种种在前排。

为避免弄伤已种好的苗，先用移栽铲垂直挖出栽植坑，再把球根种进去。

把葱属植物（大）和葡萄风信子（小）的球根种在花坛中间。

把小型球根植物种在花坛前排。图中的球根为原种系郁金香的。

球根的种植深度

　　种植时，覆盖球根的土壤厚度应是球根高度的 2 倍。

郁金香（左）与葡萄风信子（右）。

百合会形成上盘根，因此要种得深一些。

春季栽种哪些植物

可参考前面的秋季种植的示例选择宿根植物，而一年生草本植物可根据春季流通的品种的株高、花期等来组合，比如石竹（一年生型）、龙面花、马鞭草、六倍利等。春植球根植物可以选择小型的凤梨百合、晚香玉、酢浆草（四叶酢浆草或毛蕊酢浆草等）。小轮多花性的舞春花也是不错的选择，其花朵很像多年生草本植物（也有被分类为球根植物的）紫娇花、矮牵牛的花，能从春季开到秋季。

龙面花　　　　　　石竹

马鞭草　　　　　　六倍利

栽后管理

浇水

如果在秋季栽种，那么植物生根后几乎不需要浇水。若在春季栽种，植物正处于生长期，每天的需水量都很大。因此，生根前千万不要让植株蔫掉，尤其是小型盆苗。植株生根后，也要观察花坛的干湿状况，根据实际情况来浇水。

施肥

由于施了基肥，所以在一年生草本植物的长势变旺盛以前，都不需要施肥。

防寒

秋季栽种时如果下了霜，需要用无纺布把整个花坛罩起来，以免霜冻天气对植物造成伤害。另外，干燥的表土和霜柱（地冰花）会导致植株根系暴露于地表，为防止出现这种情况，可以把腐叶土等材料覆盖在植株周围，做好护根工作（第88、89页介绍了护根的材料和方法）。

盖上无纺布，周围压几块砖以防止无纺布被风刮走（白天要揭开）。此外，在一些土壤不会冻结但下霜严重的地方，可以安插拱形支柱，罩上厚厚的无纺布或农业专用的塑料膜（白天要揭开），这样就能让花坛中的植物以大量开花的状态顺利过冬。

种植完毕的向阳一坪花坛

1	发状薹草（斑叶品种）	8	小花仙客来	15	紫菀
2	铁线莲	9	三色堇（小花品种）	16	荷包牡丹
3	黑铁筷子	10	德国报春花	17	糖芥
4	松果菊	11	加勒比飞蓬	18	锥花福禄考
5	萱草	12	雪叶菊	19	百子莲
6	布谷蝇子草	13	落新妇	20	三角紫叶酢浆草
7	黄花蝴蝶叶酢浆草	14	华丽滨菊	21	圆叶过路黄

与第 10 页的植栽图略有出入。

这是种完后即可赏花的一坪花坛。
花朵从晚秋陆续开到次年春季，
如此，接连不断开放，
365天不间断。

22 紫霞草	★ 花盆处是为次年春季种植大丽花
23 细叶芒	预留的空间。
24 发状薹草（铜色）	
25 墨西哥鼠尾草	**秋植球根植物**
26 山桃草	
27 金球菊	接下来把球根种在花草之间，
28 大岛薹草	如葱属植物、绿花谷鸢尾、双
	色冰激凌酢浆草、原种系郁金
	香、葡萄风信子。

向阳的庭院

春

一年生草本植物在阳光下熠熠生辉，
宿根植物也在一天天生长。
青蛙和昆虫们共同讴歌期盼已久的春天。

M.Usuda

3月中旬 德国报春花盛开。

3月下旬 原种系郁金香绽放。

烂漫的春季，百花争艳！

4月中旬 宿根植物不断生长，从去年秋季开到现在的一年生草本植物——三色堇（小花品种）、糖芥以迅猛之势迎来了盛花期。葡萄风信子和原种系郁金香等植物停止了开花，葱属植物则长出了生机盎然的叶子。

阳光灿烂，花季到来

绚烂多彩，
动感十足！

一年生草本植物与葱属植物和谐共生。　　青蛙停在了葱属植物的叶子上。　　图中的是纸花葱。

5月上旬

从晚春开始绽放的一年生草本植物把花坛装点得热闹非凡。上图中有凤仙花、骨子菊、雏菊、马鞭草等植物（在4月下旬换掉了糖芥、三色堇的小花品种）。花坛中央长得像烟花的植物是烟花韭。

向阳的庭院

夏 — 生气勃勃地拉开夏季序幕

许多宿根植物都在这个季节迎来了盛花期。入梅（进入梅雨季）之前，一年生草本植物也竞相开花。这是一年中最绿意盎然的时期。小花坛中植物的叶色浓淡相宜，熠熠生辉，把花朵衬托得分外美丽。

6月　宿根植物展现出它们的活力。松果菊、萱草、华丽滨菊、紫霞草、百子莲、大丽花和铁线莲都纷纷开花了。5月换上的一年生草本的凤仙花、蓝扇花等此时开出了花朵。

独特的扇形花瓣仿佛为花坛带来了一阵清风。

铁线莲"舞台"　　　锥花福禄考　　　蓝扇花

秋 ── 为夏日的离去而惋惜

此时，尽管开花的宿根植物只剩下山桃草和开秋花的紫菀等寥寥几种，但是大丽花开得正艳，不少一年生草本植物也会持续开到晚秋。秋天是个意想不到的多彩季节。

凉风习习，天气清爽，花朵仿佛重获生机一般，开得娇艳欲滴。

10月　　在清爽的凉风中，花坛呈现最后的美。宿根植物已结束开花，而花期持久的凤仙花，耐热性强的繁星花等一年生草本植物仍在绽放。上图中前排的小花是补种进来的头花蓼。

大丽花（左）与繁星花　　　　紫菀　　　　　　山桃草

半背阴的庭院

春

在日照时长略短于半天的花坛中（参见第 94 页），春季有各色各样的一年生草本植物开花，夏季则以凤仙花为主。球根植物也能开出不少花朵。

3月 　原种系郁金香、三色堇（小花品种）、铁筷子开花了，而初夏绽放的宿根植物此时才刚刚发芽（第 94 页将介绍苗的布置）。

4月上旬 　花坛中有宿根植物楼斗菜、匍匐福禄考，一年生草本植物骨子菊、马鞭草。而原种系郁金香、葡萄风信子等植物都开花了。

花朵在柔和的阳光中绽放

在 4 月上旬的花坛一角，生有铁筷子、矾根和水仙，而右上方的植物是种在路边的灰白唐菖蒲。

4 月上旬，报春花的花朵间开出了葡萄风信子。后面的彩叶植物是矾根。

花朵与风嬉戏，摇曳生姿，仿佛在歌唱。

5月上旬

花坛中央的纸花葱开出了花球。前排右下方的植物是一年生草本植物雏菊。

夏 秋

最绿意盎然的时期

周围的落叶树都裹上了一层绿色。这个季节的花坛能够晒到部分阳光，里面的花朵依然不断开放。

叶色、叶形、质感成就引人注目的绿色之美。

夏　前排的一年生草本植物是凤仙花，中央生有紫色花穗的是藿香，右边的大棵植株是酸模。此时，开满小花的花穗开始形成种子了。

夏末　背阴角落里的香石蒜开花了。

初秋　小盼草的种穗随风摇摆。

秋　秋海棠和凤仙花开花了。

第 **2** 章

植物推荐

严选122种

为了给一坪花坛等小型花坛的植栽计划提供思路，笔者严选了一些强健好养的宿根植物（多年生草本植物）、一年生草本植物和球根植物进行介绍。这里将宿根植物分为观花类与观叶类，并按株高对观花类宿根植物做了区分，以方便您制订计划。

为方便阅读

笔者不仅为每一种植物注明了花期、大小、耐热性和耐寒性等属性，还介绍了它们的特征和栽培窍门。

※ 植物的株高、花期会因当年的气候、栽培环境（如日照、土壤等）而发生些许变化，因此这里给出的为参考值。

株高的标准

矮：株高为 30cm 以下。这类宿根植物适合种于花坛的前排及周围。

中：株高为 30~60cm。这类宿根植物适合种于花坛的中间。

高：株高为 60cm 以上。这类宿根植物适合种于花坛的后排。

对热性的标准

强：在日间最高气温超过 30℃，夜间最低气温超过 25℃ 的情况下，植株生长不会受到影响。

中：在日间最高气温超过 30℃，夜间最低气温超过 25℃ 的情况下，植株虽然不会枯死，但生长会变得缓慢，甚至停止。

弱：在日间最高气温超过 30℃，夜间最低气温超过 25℃ 的情况下，植株会枯死或出现生长障碍。

以上标准也适用于不耐高温高湿环境的品种。

对寒性的标准

强：−5℃ 以下，植株也不会出现生长障碍，不会枯死。

中：−5℃ 左右，植株不会出现生长障碍，不会枯死。

弱：植株会因下霜、结冰而出现生长障碍或枯死。

以上标准以地表温度为准。

观花类宿根植物

矮型 适合种于花坛前排

杂种铁筷子

① 12 月至次年 3 月 ② 20~30cm

③ 白、桃、红、黄、绿、橙、黑

④半背阴⑤中⑥强⑦分株、播种

杂种铁筷子花色、花形丰富多样，强健好养，可谓花坛中必不可少的成员。然而，它惧怕夏季的强光和高温高湿环境，所以适合种植在半背阴的地方。

筋骨草

① 4—6 月 ② 10~20cm ③桃、蓝紫 ④半背阴 ⑤偏弱~中 ⑥强 ⑦分株

筋骨草属有很多叶色美丽的品种（比如斑叶品种），但比较强健的还是非斑叶的匍匐筋骨草（上图）。它们根系分布得浅，所以有点儿不耐干燥，但也受不了过度潮湿的环境。夏季需将之种在半背阴的地方。

淫羊藿

① 4—5 月 ② 20~40cm ③白、桃、紫红、黄 ④半背阴 ~ 背阴 ⑤强 ⑥强 ⑦分株、播种

售卖的淫羊藿属品种有许多，其中一些品种容易被冰霜冻伤花蕾。在日本，花坛里适合栽种日本的野生品种和它们的选育品种（上图中的品种为"多摩的源平"）等。

加勒比飞蓬

① 4—10 月 ② 15~30cm ③白、桃 ④向阳 ⑤中 ⑥强 ⑦分株、播种

它下垂的纤细花茎大量分枝，开出许多花朵；适合种在花坛的边缘，花朵能够从春季开到晚秋。掉落的种子容易生根发芽。大植株可随时修剪。

说明

①花期

②株高

③花色

④日照条件

⑤耐热性

⑥耐寒性

⑦繁殖方式

26

朝鲜白头翁

①4—5月 ②20~30cm ③红褐 ④向阳~半背阴 ⑤中 ⑥中 ⑦分株、播种

它是一种原产于干燥的草原等地的野草，不喜高温高湿环境，适合种于偏干燥的高设花坛（Raised bed）等。它属于生命短的宿根植物，通过种子繁殖。

老鹳草

①5—9月 ②20~30cm ③白、桃、紫、红、蓝 ④向阳~半背阴 ⑤偏弱~中 ⑥强 ⑦分株、芽插、播种

有很多好看的老鹳草品种，不过，虽然它们颇受大众欢迎，但许多品种在高温高湿的环境下会迅速衰弱。在温暖的地区适合种植血红老鹳草（上图）。而在寒冷地区，可供人们选择的品种丰富多彩。

铃兰

①4—5月 ②20~30cm ③白、桃 ④向阳~半背阴 ⑤偏弱 ⑥强 ⑦分株

日本的铃兰花朵开在比叶尖矮的位置，目前广泛流通的是欧洲原产的欧铃兰，其花朵开在叶片的上方。铃兰对夏季高温的耐受性偏差，建议将之种在半背阴的地方。

欧活血丹

①4—5月 ②10cm以下 ③淡紫 ④向阳~背阴 ⑤强 ⑥强 ⑦分株、芽插

它与野草日本活血丹是同属植物。在花坛中可以种植斑叶品种。它的匍匐茎繁殖力强，因此它也适合作为地被植物。

樱草

①3—4月 ②20~30cm ③白、桃、淡紫 ④向阳（春季）⑤中 ⑥强 ⑦分株、播种

樱草，春季需要日照，夏季则处于休眠状态，适合置于空气湿润的背阴处。开完花后需为植株的基部添土，以防止根茎暴露在地表。在2月进行分株繁殖。

丛生福禄考

①4—5月 ②10~20cm ③白、桃、淡蓝、深桃 ④向阳 ⑤偏弱 ⑥强 ⑦分株、芽插

植株像毯子一样摊开，盛开的花朵几乎淹没了植株。它不喜过度潮湿的环境，适合种于日照充足的花坛边缘或斜坡上。需在入梅前进行修剪，以防闷热。

辽吉侧金盏花

①2—3月 ②20~30cm ③黄、橙、白 ④半背阴 ⑤中 ⑥强 ⑦分株

它适合种在排水性好，冬季向阳、夏季半背阴的地方或者落叶树下。夏季过于潮湿的环境会令植株受损。种植时需在土壤中拌入大量的腐叶土等材料。

肺草

①4—5月 ②20~30cm ③白、桃、紫、蓝 ④半背阴~背阴 ⑤偏弱 ⑥强 ⑦分株

肺草不耐夏季的高温高湿环境，若要延长开花时间，就得把种植地选在空气湿润的半背阴处。肺草强健得出人意料，但植株长势缓慢，所以好几年都不需要分株。

黄水枝

①5—6月 ②20~30cm（不含花序）③白~桃 ④半背阴~背阴 ⑤中 ⑥强 ⑦分株

掌状的叶片上着叶脉一样的红色花纹，与柔和的花朵相映成趣，点亮了背阴的庭院。黄水枝属与矾根属杂交而来的品种也可以尝试种植。

说明 ①花期 ②株高 ③花色 ④日照条件 ⑤耐热性 ⑥耐寒性 ⑦繁殖方式

长柄鸢尾

①4—5月 ②20~30cm ③白、淡紫 ④半背阴~背阴 ⑤中 ⑥强 ⑦分株

它的花朵仿佛溪荪花的超级迷你版，配上纤细的叶片，很是清新。它不喜干燥，适合种于空气偏湿润的背阴处。根茎暴露出来的时候需要堆高土壤。

短柄岩白菜

①3—4月 ②20~30cm（不含花序）③白、桃 ④向阳~半背阴 ⑤中 ⑥强 ⑦分株、根插、播种

它的特征是生有形状好似团扇的大叶片，春季开放的粉色小花会聚成一大团，样子好看极了。它适合种在排水性好的斜坡等地。它很强健，老株可通过根插来更新植株。

德国报春花

①3—4月 ②20~30cm ③淡黄 ④半背阴 ⑤偏弱 ⑥强 ⑦分株、播种

它是早春开花的报春花的原种。盛夏的时候它喜欢半背阴环境。夏季种在向阳处的话，植株会出现叶烧现象。在半背阴的地方，它会更为强健，植株能生长好些年。

野芝麻

①5—6 月 ②20~30cm ③白、
黄、桃、淡紫 ④半背阴 ⑤偏弱
⑥中 ⑦分株、芽插

虽然紫花野芝麻的叶片颜色和
花朵都很美丽，但它在高温高
湿的环境下难以撑过夏季，因
此它适合种在寒冷的地区。而
强健的花叶野芝麻（上图）生
长旺盛，容易繁殖。

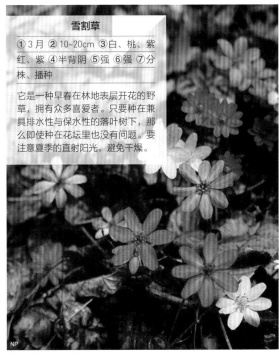

雪割草

①3 月 ②10~20cm ③白、桃、紫
红、紫 ④半背阴 ⑤强 ⑥强 ⑦分
株、播种

它是一种早春在林地表层开花的野
草，拥有众多喜爱者。只要种在兼
具排水性与保水性的落叶树下，那
么即使种在花坛里也没有问题。要
注意夏季的直射阳光，避免干燥。

黑铁筷子

①12 月至次年 2 月 ②20~30cm
③白 ④半背阴 ⑤中 ⑥强 ⑦分
株、播种

它是铁筷子的原种之一，其清
纯的白色花朵很适合点缀隆冬
的花坛。种植它的土壤排水性
要好。夏季它适合栽种在阴凉
的树荫下，也可以种在高型宿
根植物的后方。

圆叶过路黄

①5—6 月 ②10cm 以下 ③黄
④向阳 ~ 半背阴 ⑤中 ⑥强 ⑦芽
插、分株

它的茎匍匐在地，向四面伸
展，适合作为地被植物，但也
适合种在花坛的前排。它的繁
殖力旺盛，应注意防止植株在
花坛中扩张。

大叶蓝珠草

①4—5 月 ②20~30cm（不含
花序）③白、蓝 ④半背阴 ~ 背
阴 ⑤中 ⑥强 ⑦分株、根插

大叶蓝珠草一般比较强健，适
合种在偏湿润的、凉爽的半背
阴处。也有斑叶品种，但在高
温高湿的环境下生长迟缓，而
在强光下叶片又容易被晒伤。

百子莲

① 6—7月 ② 30~60cm ③ 白、蓝、复色 ④ 向阳~半背阴 ⑤ 强 ⑥ 中 ⑦ 分株、播种

百子莲分为常绿品种和落叶品种，不同品种的耐寒性有强弱之分。百子莲耐干燥，但有点儿不耐过度潮湿。冬季需要为常绿品种防寒。也有株高超过 100cm 的大型品种，然而小型花坛中适合种中型品种。

NP-Y.Sakurano

说明 —

① 花期

② 株高

③ 花色

④ 日照条件

⑤ 耐热性

⑥ 耐寒性

⑦ 繁殖方式

NP-T.Maki

金球菊

① 11—12月 ② 30~60cm ③ 黄、白、桃 ④ 向阳处 ⑤ 强 ⑥ 强 ⑦ 芽插、分株

在日本关东、东海地区的海岸可以看到这种植物。也有变异株开着生有白色或粉色的舌头状细长花瓣的花朵。高大的品种，需在春季至夏季进行修剪。

NP-M.Fukuda

落新妇

① 5—6月 ② 30~60cm ③ 白、桃、红 ④ 向阳~半背阴 ⑤ 强 ⑥ 强 ⑦ 分株

落新妇的株高因品种而异。在高温干燥的环境下可能会出现叶烧现象，因此，应将它们种在半背阴的地方，并注意不要缺水。落新妇喜欢肥沃的土壤，所以要每隔几年移栽一次。

NP-T.Maki

大黄花虾脊兰

① 4月 ② 30~40cm ③ 桃、黄、褐、紫红 ④ 半背阴 ⑤ 强 ⑥ 强 ⑦ 分株

它是常绿的地生兰，可以浅植在落叶树下或明亮的背阴处。在植株萌发新芽时，为预防细菌性病害，需用消过毒的剪刀剪掉老叶片，把植株基部清理干净。

NP-Y.Itoh

楼斗菜

① 5—6 月 ② 20~70cm ③白、黄、桃、红、蓝、复色 ④向阳~半背阴 ⑤偏弱 ⑥强 ⑦播种

虽然楼斗菜品种众多，但在花坛里种的主要是欧楼斗菜和扇形楼斗菜。它们惧怕高温高湿环境，是生命短的宿根植物。掉落的种子很容易发芽。也可以分株繁殖。

NP-N.Kamibayashi

白及

① 5—6 月 ② 50cm ③白、红、紫、桃 ④向阳~半背阴 ⑤强 ⑥强 ⑦分株

白及的植株强健，即使在同一片土壤里种上好几年也能茁壮生长。要注意的是，如果春季萌芽时遇到晚霜，芽就会受到伤害。进行分株时，每一株最少包含 3 个假鳞茎。

NP-Y.Itoh

琉璃菊

① 6—9 月 ② 30~40cm ③桃、白、紫、紫红 ④向阳 ⑤强 ⑥强 ⑦分株、根插

它喜欢日照充足、排水性强的地方；不挑土质；性强健，几乎不发生病虫害。掉落的种子能够在庭院四处发芽，因此，要尽早摘除残花。

NP-Y.Itoh

蝴蝶花

① 4—5 月 ② 50cm ③淡紫 ④半背阴~背阴 ⑤强 ⑥强 ⑦分株

蝴蝶花在阴暗的地方也能茁壮生长，会形成许多匍匐茎。也有美丽的叶上生白斑的品种，能够点亮背阴处。如果根暴露在地表，培土即可。

NP-S.Maruyama

宿根马鞭草

① 5—10 月 ② 20~100cm ③白、桃、蓝、红、复色 ④向阳 ⑤偏弱 ⑥偏弱 ⑦芽插、播种

宿根马鞭草品种繁多，株姿、株高也各不相同。花坛里种植的小型品种多为匍匐型品种和灌木型品种。每一种都有点儿不耐高温高湿环境和寒冷环境。

NP-T.Mak

荷包牡丹

① 4—5 月 ② 50~60cm ③白、桃 ④向阳~半背阴 ⑤中 ⑥强 ⑦芽插、分株

荷包牡丹植株在夏季休眠，可以同初夏开始生长的植株搭配种植。植株长大后会形成美丽的花穗。夏季需为植株基部添加覆盖物，以防止地表温度上升。

紫霞草

①5—8月 ②50~60cm ③白、桃、紫 ④向阳~半背阴 ⑤强 ⑥强 ⑦芽插、分株、播种

紫霞草很强健，不挑土质。当开花告一段落后，只要把植株回剪至地面，植株就会再次茂盛起来。掉落的种子很容易发芽。植株会成长为大株，所以，可根据小花坛的情况来进行分株。

油点草

①8—10月 ②50~60cm ③红、紫、黄、复色 ④半背阴~背阴 ⑤中 ⑥强 ⑦分株、芽插、播种

油点草属品种虽多，但强健的台湾油点草更适合种进花坛，只是要小心植株向周围扩张。位于背阴处的花坛可以种植 *Tricyrtis macrantha* 等品种。

说明 — ①花期 ②株高 ③花色 ④日照条件 ⑤耐热性 ⑥耐寒性 ⑦繁殖方式

大吴风草

①10—12月 ②30~40cm（不含花序）③黄 ④向阳~半背阴 ⑤强 ⑥强 ⑦分株、播种

晚秋至初冬，长长的花葶末端会开出黄色的小花。大吴风草通常种在背阴处，但日本原产的强健品种在向阳处也能茁壮生长。也有斑叶品种和变叶品种。

萱草

①6—8月 ②50~70cm（中型品种）③白、黄、桃、橙、红、复色 ④向阳 ⑤强 ⑥强 ⑦分株

萱草强健，不挑土质，但栽种时可以拌入腐叶土等材料。虽然萱草花朵只开一天，但是会一茬接一茬地开花，且花色、花形丰富，令夏季花坛热闹非凡。需要注意蚜虫。

竹叶菊

①7—8月 ②50cm ③淡蓝紫 ④向阳~半背阴 ⑤强 ⑥强 ⑦分株

竹叶菊植株强健，是难得一见的能在盛夏开出柔和蓝紫色花朵的宿根植物。几乎无病虫害。它在偏阴暗的背阴处也能开花，地下茎伸长后，植株会慢慢扩张开来。

毛剪秋罗

毛剪秋罗

NP-A.Tokue

全缘剪秋罗

NP-A.Tokue

布谷蝇子草

NP-A.Tokue

NP

剪秋罗

① 4—8 月（因品种而异）
② 40~80cm ③白、桃、紫红、橙
④向阳~半背阴 ⑤中 ⑥强 ⑦分
株、芽插、播种

小型品种有布谷蝇子草（现已被归
为蝇子草属），中型品种有日本的
全缘剪秋罗，偏大型的品种则有毛
剪秋罗等。全缘剪秋罗适合种在半
背阴的地方。不管哪一品种，生命
都偏短。

紫菀

① 5—6 月 ② 30~40cm ③白、
桃、蓝、紫 ④向阳~半背阴
⑤强 ⑥强 ⑦分株、芽插

这部分紫菀属植物喜欢排水性
强的半背阴环境；也可以在向
阳处栽培，但需要避开夏季的
强日晒。植株大小恰到好处，
繁殖缓慢。植株看起来柔弱娇
美，实际上却十分强健。分株
需在花后立刻进行。

NP-H.Imai

地黄

① 5—7 月 ② 50~60cm ③白、
桃、淡紫 ④向阳~半背阴 ⑤中
⑥强 ⑦分株、播种

药用的地黄便是地黄属的。花坛
中可以种植裂叶地黄。纤细的花
茎上会形成花穗，开出类似毛地
黄的花朵。它们对高温高湿环境
的耐受性偏差，因此夏季需种在
能形成背阴环境的地方。

NP-S.Maruyama

迷迭香

①11月至次年 5 月 ②30~100cm
③白、桃、紫 ④向阳~半背阴
⑤强 ⑥强 ⑦芽插

迷迭香是一种香草。虽然它是
常绿的小灌木，但只要通过摘
心、修枝来控制株高，便能在
花坛中将之培育成紧凑的植
株。纤细的叶片香味宜人，株
姿与其他草花搭配和谐。

NP-S.Maruyama

藿香

① 5—10 月 ② 30~100cm ③ 紫、淡紫、橙、黄 ④ 向阳 ⑤ 强 ⑥ 强 ⑦ 分株、芽插、播种

香草茴藿香便是藿香属的。它们容易分枝，令花坛显得热闹非凡。黄叶品种可作为彩叶植物种植。如果在花后进行修剪，植株就会形成腋芽，开出花朵。

NP

老鼠簕

① 6—8 月 ② 40~150cm ③ 白、桃、紫 ④ 向阳 ~ 半背阴 ⑤ 中 ⑥ 强 ⑦ 分株、根插、播种

老鼠簕属的虾蟆花属于大型品种，花穗富有动感。而长有斑叶的"塔斯马尼亚天使（Tasmanian Angle）"（上图）是开桃色花朵的中型品种。小型（株高为 40~50cm）的刺老鼠簕（*Acanthus spinosus*）则适合种于小花坛。

NP-M.Fukuda

马利筋

① 6~9 月 ② 60~80cm ③ 白、黄、橙 ④ 向阳 ⑤ 强 ⑥ 偏弱 ⑦ 播种

可以栽种柳叶马利筋，它在夏季的花坛足够吸睛。花后将结出大颗的纺锤形果实，果实裂开后种子会飞散出去。种子上的茸毛就像白絮一样。要小心蚜虫。

说明
—
① 花期
② 株高
③ 花色
④ 日照条件
⑤ 耐热性
⑥ 耐寒性
⑦ 繁殖方式

NP-N.Kamibayashi

鬼针草

① 10~12 月 ② 60~150cm ③ 白 ~ 黄 ④ 向阳 ⑤ 强 ⑥ 中 ⑦ 分株、芽插

鬼针草是为数不多的能一直开到初冬的宿根植物。放任生长的话，植株会长得很高，导致花期时植株容易倒伏，最好在 7 月的时候将植株回剪至地面。地下茎会向四周扩散，要特别注意。

NP-S.Oizumi

桔梗

① 6~9 月 ② 20~100cm ③ 白、紫、桃 ④ 向阳 ~ 半背阴 ⑤ 强 ⑥ 强 ⑦ 分株、芽插、播种

这是一种自然生长在日本各地的热门花草，也很适合种于欧式花坛。只要坚持摘除残花，就会不断形成腋芽并且持续开花。尽管有矮型品种，但花坛中通常种植的是高型品种。

NP-S.Maruyama

山桃草

① 5~10 月 ② 30~100cm ③ 白、桃、红 ④ 向阳 ~ 半背阴 ⑤ 强 ⑥ 强 ⑦ 分株、芽插、播种

它虽然适合排水性好的向阳处，但在半背阴的地方也能开花，且它的耐热性、耐寒性都很强。花序一边伸长一边开花。开白花的高型品种在贫瘠的土地上也能生长，并可以通过掉落的种子繁殖。

松果菊

①6—9月 ②30~100cm ③白、桃、黄、红、橙、绿 ④向阳 ⑤强 ⑥强 ⑦分株、播种

近年来，松果菊的花色丰富了起来，也有了重瓣品种。它们繁殖缓慢，适合种于不太需要打理的小花坛；适合种在排水、通风良好的位置。

NP-T.Maki

少花万寿竹

①4月 ②60~70cm ③黄 ④半背阴 ⑤强 ⑥强 ⑦分株

少花万寿竹能开出细长的吊钟形花朵，令半背阴的花坛明亮起来。花蕾形成后将慢慢开花，同时花茎也会伸长。少花万寿竹植株强健，呈灌木状，繁殖速度慢。

槭叶蚊子草

①6—7月 ②60~100cm ③红 ④向阳~半背阴 ⑤强 ⑥强 ⑦分株

它与多枝蚊子草是同属的。纤巧的红色小花汇集成轻盈的花团，充满魅力。它在半背阴的地方也能开出大量花朵。它容易生白粉病，患病后花蕾将无法开放。

NP-S.Maruyama

紫菀

①9—11月 ②60~100cm ③白、桃、红、紫 ④向阳 ⑤强 ⑥强 ⑦芽插、分株

这是紫菀属中开很多小花的一类品种。秋季有小型的开花株售卖，但到了第二年，这些植株就会长高。于初夏进行修剪，保留长约10cm的茎，这样便能控制开花期植株的株高。

NP-T.Maki

"紫罗兰之星（Etoile Violette）"

NP-H.Imai

"舞池"

NP-M.Fukuda

铁线莲

①5—10月（因品种而异）
②50~200cm（藤本品种）③白、
黄、桃、红、紫、蓝 ④向阳~
半背阴 ⑤强 ⑥强 ⑦芽插

铁线莲种类繁多，花期也各不相同，有冬季开花的，也有春季到秋季开花的。推荐在花坛中种植春季到秋季开花的新枝开花品种。

紫菀

①9—10月 ②60~200cm ③淡
紫 ④向阳~半背阴 ⑤强 ⑥强
⑦分株、芽插

一般的紫菀株高可达 2m，但也有 60~80cm 的矮型品种。每一种都十分强健，耐热性、耐寒性都强，而且无须修剪。

说明
①花期
②株高
③花色
④日照条件
⑤耐热性
⑥耐寒性
⑦繁殖方式

NP-T.Maki

M.Usuda

NP-M.Fukuda

墨西哥鼠尾草

①9—11月 ②60~150cm ③桃、
紫 ④向阳 ⑤强 ⑥偏弱 ⑦分
株、芽插

在秋季花坛里，墨西哥鼠尾草花穗成片。只要在初夏修剪，株姿就不会变得杂乱。冬季，植株可能因霜和冰冻而枯死。因此，晚秋要么把植株基部的新芽种进花盆里越冬，要么做好防寒措施。

毛地黄

①5—7月 ②50~100cm ③白、
黄、桃、紫红 ④向阳~半背阴
⑤偏弱 ⑥强 ⑦播种、芽插

毛地黄属植物种类繁多，其中热门的品种是毛地黄。它们株高能达到 1m 左右，适合种于花坛的后排。植株生命较短，可以在初夏播种，以更新植株，也可以进行分株繁殖。

华丽滨菊

①5—7月 ②50~80cm ③白
④向阳 ⑤偏弱 ⑥强 ⑦分株、
芽插

华丽滨菊纯白色的花朵充满魅力，它还有重瓣型和银莲花形的品种。对高温高湿的环境耐受性略差，且持续的降水会使植株受损，因此应将之种在排水、通风良好的位置。

NP-M.Fukuda

NP-M.Fukuda

锥花福禄考

① 7—10 月 ② 60~100cm ③白、桃、紫红、复色 ④向阳 ⑤中 ⑥强 ⑦分株

锥花福禄考大大的花团把夏季花坛装点得华美多彩。可在初夏修剪以控制植株高度。要想增加花团、令植株开出大量花朵，就需要进行摘心。要注意预防白粉病。

NP-S.Maruyama

NP-S.Maruyama

德国鸢尾

① 5 月 ② 20~80cm ③白、桃、黄、蓝、紫、黑、复色 ④向阳 ⑤强 ⑥强 ⑦分株

德国鸢尾花色丰富，株高不等，有不到 20cm 高的迷你品种，也有高型品种。植株强健，只要日照充足、排水良好，在贫瘠的土地上也能够生长。种植时要避免环境过度潮湿和连作种植。

NP-T.Maki

秋海棠

① 8~10 月 ② 40~70cm ③白、桃 ④半背阴 ~ 背阴 ⑤强 ⑥强 ⑦分株、珠芽繁殖、芽插

秋海棠为秋海棠属品种，植株强健，适合种在空气湿润的背阴庭院。在向阳的环境下植株会出现叶烧现象。小花悬于空中，样子楚楚动人。可利用叶腋处的珠芽进行繁殖。

NP-S.Maruyama

打破碗花花

① 9~11 月 ② 40~150cm ③白、桃 ④向阳 ~ 半背阴 ⑤中 ⑥强 ⑦分株、根插、播种

打破碗花花品种繁多，大部分品种的地下茎发达，所以种在小花坛里的植株必须拉开距离。夏季适合将之种在半背阴的地方。也有矮型品种。

堆心菊

① 7—10 月 ② 60~120cm ③黄、橙
④向阳 ⑤强 ⑥强 ⑦分株、播种

堆心菊是一种强健的宿根植物，只
要日照充足、排水良好，在贫瘠的
土地上也能生长。如果要控制植株
高度，可在初夏进行修剪。勤摘残
花能令植株持久地开花。

NP-S.Maruyama

说明

①花期

②株高

③花色

④日照条件

⑤耐热性

⑥耐寒性

⑦繁殖方式

NP-M.Fukuda

随意草

① 7—9 月 ② 50~100cm ③白、
桃 ④向阳 ~ 半背阴 ⑤强 ⑥强
⑦分株

随意草喜欢适度潮湿的土壤，
条件合适时就能大量繁殖。在
过度干燥的夏季叶片会有损
伤，所以必须在花坛变得干燥
时浇水。有斑叶品种。

ARS

黄红火炬花

① 6—10 月 ② 60~80cm
③白、黄、橙 ④向阳 ⑤强
⑥强 ⑦分株

这一品种植株比火炬花
（Kniphofia uvaria）的要小上一
圈，花茎长度约为70cm，叶片
窄且少，适合种在小面积的花坛
中。它属于常绿植物，因此在寒
冷地区的冬季需要做好护根。

NP-S.Maruyama

向日葵

① 7—10 月 ② 50~150cm ③黄
④向阳 ⑤强 ⑥强 ⑦分株、播种

人们常种植的品种有柳叶向日葵
和千瓣葵。只要日照充足，向日
葵在贫瘠的土地上也能生长，所
以不需要过多地施肥。如果夏季
持续干燥，可以通过浇水来防止
植株底部叶片受损。

NP-T.Maki

钓钟柳

①6—8月 ②40~100cm ③白、桃、红、紫 ④向阳~半背阴 ⑤偏弱 ⑥强 ⑦芽插、播种

钓钟柳属品种繁多，每一种对高温高湿环境的耐受性都偏差。在日本关东以西的地区，毛地黄钓钟柳（上图）栽培起来较容易。可以通过芽插、播种的方式来培育新苗。

NP-S.Maruyama

美国薄荷

①7—9月 ②50~100cm ③白、桃、红、紫红 ④向阳~半背阴 ⑤强 ⑥强 ⑦分株、芽插

美国薄荷的日文名译为"松明花"，其茎的顶部会开出头状花序。植株虽然强健，但在没有施肥的情况下花茎比较纤细，花量也少。栽种时需施堆肥和基肥。除分株和芽插外，也可通过播种来繁殖。

NP-T.Maki

黄金菊

①11月至次年5月 ②30~100cm ③黄 ④向阳 ⑤强 ⑥偏弱 ⑦芽插

可以将黄金菊当作多年生草本植物来栽培。种在小花坛中时，需在初夏和秋季对植株进行修剪，把株姿调整得紧凑一些。它有点儿不耐过度潮湿环境。

NP-S.Oizumi

紫斑风铃草

①5—7月 ②30~70cm ③白、桃、紫 ④向阳~半背阴 ⑤强 ⑥强 ⑦分株、播种

紫斑风铃草属于热门草类，有越来越多的园艺品种，且花形不止吊钟形一种，还有花瓣又多又细的类型。紫斑风铃草繁殖能力强，在小花坛中种植时需注意。

NP-S.Maruyama

木茼蒿

①3—6、11—12月 ②30~100cm ③白、黄、桃、红 ④向阳 ⑤偏弱 ⑥偏弱 ⑦芽插

售卖的木茼蒿品种有许多，大部分被用作盆栽花。在花坛中适合栽种热门的白花品种和黄花品种。它们耐热性、耐寒性都弱，可将之当作一年生草本植物来栽植，并通过芽插更新植株。

NP-S.Maruyama

金光菊

①7—10月 ②30~200cm ③黄、橙、茶 ④向阳~半背阴 ⑤中 ⑥强 ⑦分株、播种

金光菊种类繁多，有不耐高温高湿环境的。强健的品种有三裂叶金光菊（上图）、大头金光菊和全缘金光菊等。每一种都是高型品种。只要排水、通风良好，在半背阴的地方也可以种植金光菊。

一年生草本植物

※ 包含非耐寒性多年生草本植物。

凤仙花

① 4—10 月 ② 白、红、桃、橙
③ 30~40cm ④向阳~明亮背阴

凤仙花花期持久，在半背阴和明亮背阴的庭院里也能不断盛开。植株长大后需回剪至原高度的一半。可通过扦插大量繁殖。

香彩雀

①6—10月 ②白、桃、紫、蓝、复色 ③ 30~100cm ④向阳~半背阴

香彩雀耐热性强，不仅能在向阳处开花，在半背阴处也能盛开。如果花穗顶部的花也开了，可以将花枝修剪至腋芽的上方，这样便能开出下一茬花朵，欣赏的时间更长。

骨子菊

①1月中旬至5月、9月中旬至11月中旬 ②紫、白、橙、黄、桃 ③ 20~80cm ④向阳~半背阴

市面流通的骨子菊大部分是多年生草本品种，花色丰富。骨子菊耐寒性偏弱，一般于春季到秋季在花坛里的种植。秋季可通过扦插来培育小苗，以备过冬。

观赏辣椒

①8—10月（果实）②白、黄、红、橙（果实）③ 30~60cm ④向阳

观赏辣椒果实的颜色与形状丰富多样，叶片有深紫色的（上图）、斑叶的等。为了令其结出好果实，需要定期施富含磷元素、钾元素的肥料。

金鱼草

①4—6月、10—12月 ②红、白、桃、黄、橙、复色 ③ 20~100cm ④向阳

从矮型品种到高型品种，金鱼草不仅种类繁多，花色也丰富多变。金鱼草给人的印象是其花朵从春季开到初夏。但如果在秋季种下开花株，花朵便能一直开到少花的冬季。

说明 ①花期 ②花色 ③株高 ④日照条件

醉蝶花

①7—9月 ②白、桃、玫瑰、浅紫 ③60~120cm ④向阳

醉蝶花在少花的炎热盛夏也能持续开放。它的植株较高，很有存在感，适合种在花坛后排。它容易吸引蓟马的天敌，可以当作伴生植物。

朱唇

①5—10月 ②白、红、桃、浅紫 ③30~40cm ④向阳

朱唇花朵能从春季开到秋季。当花穗上大半的花朵开败后，便可将花枝修剪至腋芽的上方。株姿混乱时，将植株修剪至原高度的一半。

千日红

①7—11月 ②红、白、桃、橙、紫红 ③20~100cm ④向阳

千日红能够长期开花（包括少花的盛夏）。花开败后需将花枝回剪至腋芽的上方。少施氮肥，并注意避免形成过度潮湿环境。可以将之制成干花。

糖芥

①10月至次年5月（秋季流通品种）、4~6月（春季流通品种）②黄、红、橙、奶油 ③30~40cm ④向阳

秋季流通的品种具有耐寒性，花朵能一直开到次年初夏。如果花穗顶部花朵也开了，则将花枝回剪至腋芽上方。

雏菊

①3—5月、11月 ②白、桃、红 ③10cm ④向阳

雏菊会一茬接一茬地开出花朵直径为2~3cm的可爱小花，适合种在花坛边缘等位置。雏菊原本属于宿根植物，但通常被当作一年生草本植物种植。只要于梅雨期一株株地进行移栽，次年植株还能开花。

黑种草

①5月中旬至6月 ②蓝、白、桃 ③60~70cm ④向阳

黑种草的萼片看起来像花瓣，而它们的花瓣已经退化了。花后膨胀起来的果实非常可爱，可以做成"干花"。黑种草属于主根系植物，不喜移栽。

长春花

① 7—10月 ② 红、桃、白、橙、紫 ③ 25~35cm ④ 向阳

长春花耐热性强，不喜潮湿，适合在出梅后（梅雨期之后）种进花坛。另外，氮肥过多会导致植株徒长、花量变少，因此应控制用量。

粉蝶花

① 3月下旬至5月 ② 白、蓝、黑紫 ③ 20~30cm ④ 向阳

粉蝶花属植物中，人们一般种植的品种是花朵边缘呈天蓝色的粉蝶花。在本属中，还有银叶品种（上图），作为观叶植物也十分迷人。徒长后的植株显得比较杂乱，要控制氮肥的用量。

龙面花

① 4—5月 ② 红、白、桃、黄、橙、紫等多种组合的复色 ③ 20~30cm ④ 向阳

龙面花可爱的小花大多为复色，看起来十分"热闹"。花朵有点儿经受不住雨水的影响，适合气候稳定的5月将之种进花坛。

说明

① 花期

② 花色

③ 株高

④ 日照条件

马鞭草

① 3月下旬至5月（上年秋季播种） ② 红、桃、紫、白 ③ 20~30cm ④ 向阳

马鞭草能开出直径为7~8cm的伞状花序。只要勤摘残花，马鞭草便能一茬接一茬地开花。种子的种皮含有抑制发芽的物质，所以播种前应将种子在水中浸泡一晚以去除该物质。

繁星花

① 5—10月 ② 红、白、桃、紫红 ③ 20~60cm ④ 向阳

繁星花不是一年生草本植物，属于热带性多年生草本植物，耐热性强，花朵能一直开到晚秋。但它耐寒性弱。有矮型品种和高型品种。需要勤摘残花。

三色堇（小花品种）

①11月至次年5月 ②紫、蓝、黄、橙、红、白、黑、复色 ③10~20cm ④向阳

三色堇（小花品种）耐寒性强，花朵能从晚秋开到次年初夏。小型花坛中建议种植迷你品种（如图）。春季修剪后，植株会再次繁茂起来，并开出花朵。

蓝扇花

① 4—10 月 ② 白、紫、桃 ③ 30cm（匍匐性品种） ④ 向阳

蓝扇花花朵仿佛展开的扇子一般，样子独特。蓝扇花枝条向四周伸展，因此可以种在吊篮里，但也适合种于花坛的边缘。

四季秋海棠

① 4—11月 ②桃、白、红 ③ 20~40cm ④向阳~明亮背阴

四季秋海棠能从春季开到降霜时节。当开花告一段落或株姿变杂乱时，需把植株修剪至原株高的一半。易扦插繁殖。长期降水时要注意养护。

六倍利

①5—6 月 ②白、蓝、紫 ③ 10~30cm ④向阳

六倍利外形如小蝴蝶的小花开满植株。清爽的蓝色花朵在初夏的花坛中格外醒目。一茬花即将开败时，只要将植株修剪至原株高的一半，植株便能再度开出花朵。

勿忘草

①4—5月 ②蓝、白、桃 ③ 20~40cm ④向阳~半背阴

勿忘草花朵直径约为 5mm 的小花会在分枝的茎顶部成簇开放。它们在半背阴的环境下也能盛开，并能够通过掉落的种子大量繁殖。

观叶类宿根植物

玉簪

① 叶片：全年；花朵：7—8 月
② 20-70cm（不含花序）③ 叶色：
绿（带斑纹）；花色：白、淡紫
④ 半背阴～背阴 ⑤ 中 ⑥ 强 ⑦ 分株

玉簪叶色、叶形、植株尺寸丰富。
它们喜欢湿度适宜的肥沃土壤，
在阳光充足的地方，叶片泛蓝的品
种、黄叶品种的叶色会更加美丽。
不过，夏季的烈日会使植株出现叶
烧现象。

细叶芒

① 全年 ② 70cm ③ 绿（带白斑）
④ 向阳 ⑤ 强 ⑥ 强 ⑦ 分株

细叶芒是叶片纤细的小型芒，
其冬季的枯叶也能够点缀花
坛。如果种在肥沃的花坛里，
细叶芒几年就能长成大植株，
可通过分株等方式来调节植株
大小。

羊角芹

① 春～秋 ② 20~50cm ③ 绿（带
白斑）④ 半背阴 ⑤ 强 ⑥ 强
⑦ 分株

可以买到生有白色斑叶的羊角
芹。在向阳处植株会出现叶烧
现象。初夏的小花开成一个个
小伞，纤细而美丽。需要摘除
受伤的叶片和残花。

发状薹草

① 全年 ② 30cm ③ 绿、褐 ④ 向
阳～半背阴 ⑤ 强 ⑥ 中 ⑦ 分株、
播种

这是小型的薹草属植物，丛生
的纤细叶片下垂，拱成一个球
形，样子很是好看。可以买到
有生有白色斑叶和褐色（铜
色）叶片的两个种类。需要勤
剪枯萎的底部叶片。

44

卷柏

①全年 ②5~20cm ③绿 ④半背阴~背阴 ⑤中 ⑥中 ⑦分株

卷柏是生长在林地表层上的常绿蕨类植物,耐阴性出类拔萃,适合种于背阴的庭院。我们还可买到翠云草(上图),其叶片有着泛蓝的金属光泽。

花叶蕺菜

①春~秋 ②30~50cm ③绿中带红或黄 ④向阳~半背阴 ⑤强 ⑥强 ⑦分株

这是野草蕺菜的斑叶品种,叶片混杂了红色、桃色、黄色等颜色。"变色龙(Chameleon)"是其代表性品种。花叶蕺菜叶片颜色在向阳处会显得更加美丽。其地下茎会不断繁殖,因此要控制株数。

雪叶菊

①全年 ②20~70cm ③白 ④向阳 ⑤中 ⑥强 ⑦芽插、播种

白色的叶片使雪叶菊多被人们用于混栽或点缀花坛。种下后,雪叶菊会在第二年的初夏开花。但想要欣赏美丽叶片的话,就需在开花前摘心。

日本安蕨变型

①春~秋 ②30cm ③黄绿、红褐 ④半背阴~背阴 ⑤强 ⑥强 ⑦分株

这是日本安蕨的变异品种,它有透着银色的黄绿色叶片,也有透着银色的红褐色叶片,能让背阴的花坛更加好看。它喜欢湿度适宜的土壤。

蜘蛛抱蛋

①全年 ②20~60cm ③绿、斑叶 ④半背阴~背阴 ⑤强 ⑥中 ⑦分株

它的商品名为一叶兰,原产于中国等东亚地区。流通的品种多种多样,叶片的大小、宽窄各异,但大部分品种都耐寒性不强。

矾根

①5—7月(花朵)②2~30cm(不含花序)③白、桃、红、淡绿 ④半背阴~背阴 ⑤中 ⑥强 ⑦分株、芽插

矾根叶色丰富,能够点缀背阴的庭院。植株变老后,株姿也会凌乱起来,可以用茎梢儿进行扦插或用培土等方式来调整。

箱根草

①春~秋 ②30cm ③带斑纹、黄 ④向阳~背阴 ⑤强 ⑥强 ⑦分株

箱根草叶片基部翻转，露出叶片背面，因此得名"翻叶草"。在庭院中可以种植白色斑叶品种或黄叶的光环箱根草。在向阳处黄色叶片会出现叶烧现象。

大岛薹草

①全年 ②30cm ③绿（带黄白斑纹） ④向阳~半背阴 ⑤强 ⑥强 ⑦分株

大岛薹草黄白色的斑叶呈丛生状，拱成一个球形。植株会逐年长大，可通过分株来使之维持适合花坛的大小。

蘘荷

①春~秋 ②60~80cm ③绿、带白斑纹 ④背阴 ⑤强 ⑥强 ⑦分株

蘘荷作为一种耐阴性强的蔬菜而为人所知。叶片有着美丽白色斑纹的蘘荷（上图），可以种在背阴的庭院里。夏秋时节能够采集蘘荷的花蕾。

说明

①观赏期

②株高

③叶色

④日照条件

⑤耐热性

⑥耐寒性

⑦繁殖方式

鬼灯檠

①春~秋 ②50~80cm ③绿 ④半背阴~背阴 ⑤强 ⑥强 ⑦分株

鬼灯檠的叶片很有特点。它在初夏之时，会长出开有大量白色小花的花茎。日本也有开桃色花朵的进口品种。

短莛山麦冬

①全年 ②30cm ③绿、带斑纹 ④半背阴~背阴 ⑤强 ⑥强 ⑦分株

短莛山麦冬的常绿细叶茂密蓬松。它于初秋开花，开着紫色小花的花穗好看极了。人们栽培的大多是叶片有白色斑纹的品种。春季需要剪掉老叶片。

绵毛水苏

①全年 ②20~60cm ③银 ④向阳 ⑤偏弱 ⑥强 ⑦分株、播种

绵毛水苏是生有银色叶片的代表性植物。它喜欢干燥的向阳处，不喜持久的降水天气，因此要注意选择种植位置。闷热环境会导致植株腐烂、枯死。需要摘除枯叶，保持植株基部的整洁。

凤梨百合

① 7—8 月 ② 30~70cm ③ 黄白、紫褐 ④ 向阳 ⑤ 强 ⑥ 中 ⑦ 分球、叶插

凤梨百合样子颇似凤梨果实的花穗十分独特。凤梨百合有小型品种，花朵有黄白、紫褐等花色。大型品种醒目而富有动感。植株可一直种在地里，能够进行叶插繁殖。

NP-T.Maki

大丽花

① 6—7 月、9—11 月 ② 30~150cm ③ 红、白、黄、紫、桃、茶、复色 ④ 向阳 ⑤ 中 ⑥ 中 ⑦ 分球

大丽花品种繁多，花色、花形、株高丰富多样。在小花坛里，小轮品种更容易与其他植物搭配。大丽花耐热性差，因此需在 7 月初进行修剪，如此秋季还可再次开花。可以播种繁殖。

NP-S.Maruyama

紫娇花

① 5—10 月 ② 50~60cm ③ 桃 ④ 向阳 ⑤ 强 ⑥ 中 ⑦ 分球

人们栽培的紫娇花属品种多为花期持久的紫娇花（上图）。与其说紫娇花"银色蕾丝（Silver Lace）"是球根植物，不如说它更像常绿的多年生草本植物，它生白斑的叶子非常美丽，可当作观叶植物栽培。

NP-Y.Iton

葱莲

① 6—10 月 ② 20cm ③ 白、桃、黄 ④ 向阳～半背阴 ⑤ 强 ⑥ 强 ⑦ 分球、播种

人们栽培的葱莲属品种多为开白花的葱莲和开桃色花朵的韭莲。葱莲具有耐寒性，天冷时不特别照顾也能茁壮生长（韭莲在冬季需要防寒）。

NP-H.Imai

雄黄兰

① 6—8 月 ② 50~70cm ③ 红、橙、黄 ④ 向阳 ⑤ 强 ⑥ 强 ⑦ 分球、播种

雄黄兰很强健，只要有良好的日照与排水条件，任何土质都能栽培，且可在少花的盛夏开花。冬季如果土壤不冻结，就可以一直将之种在地里。

秋植型

水仙

① 11月至次年4月（因品种而异）
② 20~40cm ③ 白、黄、桃、橙
④向阳~半背阴⑥强⑦分球

水仙种类繁多，花色、花形丰富。小花坛中适合种植小型园艺品种"悄悄话（Tete-a-tete）"（见图）和原种系的围裙水仙。

欧洲银莲花

① 2—5月 ② 5~30cm ③ 红、白、紫、桃、蓝、复色 ④向阳~半背阴⑥强⑦分球、播种

欧洲银莲花花色多彩，耐寒性强，早春就能开花。但它耐热性略差，所以应在地上部分枯萎后把植株挖出来，令球根在凉爽的地方度过夏季。

说明

①花期
②株高
③花色
④日照条件
⑤耐热性
⑥耐寒性
⑦繁殖方式

葱

① 4—6月 ② 20~100cm ③ 白、黄、桃、紫、蓝 ④向阳~半背阴⑥强⑦分球、播种

在小庭院中适合种植株高50cm左右的葱属小型~中型品种。种植开黄色花朵的小型品种黄花茖葱和花朵大而抢眼的纸花韭（上图）等品种也很有乐趣。

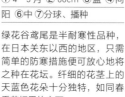

绿花谷鸢尾

① 4—5月 ② 60cm ③ 蓝 ④向阳 ⑥中⑦分球、播种

绿花谷鸢尾是半耐寒性品种，在日本关东以西的地区，只需简单的防寒措施便可放心地将之种在花坛。纤细的花茎上的天蓝色花朵十分独特，如同春季花坛里的宝石。

酢浆草

①全年 ② 5~30cm ③ 红、白、紫、桃、蓝、复色 ④向阳~半背阴⑥强⑦分球、播种

不同种类的酢浆草的花期不同。秋季可种植的有黄花蝴蝶叶酢浆草、双色冰激凌酢浆草（上图），园艺品种有"桃之辉"等。下霜时需要做简单的防寒工作。

※ 到了夏季，秋植球根植物的地上部分会消失，因此这里省略了耐热性。

48

原种系郁金香

① 3—4 月 ② 10~40cm ③红、白、紫、桃、黄 ④向阳~半背阴 ⑥强 ⑦分球、播种

原种系郁金香是小型植物，花色、花形丰富。和作为园艺品种的大的郁金香不同，原种系郁金香与春季的小花搭配起来格外协调，能够营造出自然的氛围。上图中的为柔毛郁金香。

小花仙客来

① 1—3 月 ② 10~20cm ③红、白、桃 ④向阳~半背阴 ⑥强 ⑦播种

它属于原种仙客来，有白色和紫红色等花色，适合种于向阳~半背阴处的花坛的前排。另外，秋季开花的常春藤叶仙客来也很值得栽种。

雪滴花

① 1—3 月 ② 10~20cm ③白、绿 ④向阳~半背阴 ⑥强 ⑦分球、播种

这是在雪中也能开花的可爱的小型球根植物，夏季适合种在半背阴的地方，比如落叶树下。容易买到的大雪滴花易于栽培。

日本菟葵

① 2 月 ② 10cm ③白 ④向阳~半背阴 ⑥强 ⑦播种

季节交替的时候，这种野草能在林地表层开出可爱的花朵。5 月植株会进入休眠期，所以在开花的早春时节，建议将其种在晒得到太阳的落叶树下。能通过掉落的种子繁殖。

尖瓣菖蒲

① 3—4 月 ② 30~50cm ③淡黄 ④向阳 ⑥中 ⑦分球、播种

尖瓣菖蒲是鸢尾科的球根植物，能开出淡黄色的小花，花姿宛如满天星。在日本关东以西的地区，只需简单的防寒措施便可将其种进花坛。在会下霜的地区可选择盆栽的方式。

葡萄风信子

① 3—4 月 ② 10~20cm ③紫、白、桃、水蓝 ④向阳~半背阴 ⑥强 ⑦分球

葡萄风信子品种繁多，花色丰富，适合种于向阳~半背阴处。植株高约 20cm，适合种在花坛的前排。图中的为亚美尼亚葡萄风信子。

宿根植物是适合在
寒冷地区种植的植物

宿根植物的故乡气候寒冷

提到宿根植物，很多人想到的或许是英式花园吧？

可能有不少人梦想着能拥有美丽的花坛，于是开始了花坛的建设，但最后却未能称心如意。给人以柔弱印象的宿根植物，大部分都不喜高温高湿环境。而且，在雨水丰沛的日本，尤其是在日本关东以西的地区，长大的植株很容易因降雨而倒伏，花坛于是变得惨不忍睹。

大多数宿根植物，冬季时地上部分会枯萎，到了次年春季再次生长。而它们的原产地在冬季寒冷的地区、温带和亚寒带，其中不少品种的原种分布在欧洲、北美东部、地中海沿岸、亚洲东北部等地。因此，从国外引入的种类在气候寒冷的地区更容易生长。在日本，除了北方和寒冷高原，在其他地区能够茁壮生长的宿根植物种类有限。不过，只要悉心挑选品种，人们也能在日本关东以西的地区打造出美丽绝伦的庭院。

日本也有许多宿根植物种类

日本也有许多野生的宿根植物。日本有大量被视为山野草的宿根植物，比如落新妇属（作为园艺品种亲本的品种等），淫羊藿、大黄花虾脊兰、桔梗、白及、风铃草属的紫斑风铃草和北疆风铃草、紫菀等，它们每一种都美丽又强健，可作为富有魅力的花坛植物。在日本关东以西的庭院中，可以巧妙利用这些强健的宿根植物，打造出以宿根植物为主的花坛。

英国的宿根植物花境。

日本北海道的宿根植物花园。
（摄影协助：十胜千年之森）

第 **3** 章

12 月栽培笔记

简明易懂地逐月介绍花坛的状态、主要工作
以及管理要点。另外，本部分还介绍了各月
建议尝试的工作和应知信息。

开花月历（宿根植物）

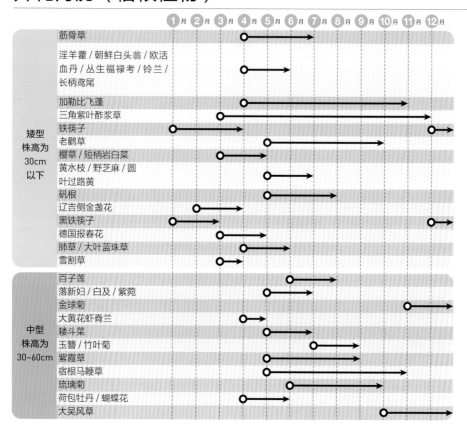

矮型
株高为
30cm
以下

- 筋骨草
- 淫羊藿 / 朝鲜白头翁 / 欧活血丹 / 丛生福禄考 / 铃兰 / 长柄鸢尾
- 加勒比飞蓬
- 三角紫叶酢浆草
- 铁筷子
- 老鹳草
- 樱草 / 短柄岩白菜
- 黄水枝 / 野芝麻 / 圆叶过路黄
- 矾根
- 辽吉侧金盏花
- 黑铁筷子
- 德国报春花
- 肺草 / 大叶蓝珠草
- 雪割草

中型
株高为
30~60cm

- 百子莲
- 落新妇 / 白及 / 紫菀
- 金球菊
- 大黄花虾脊兰
- 耧斗菜
- 玉簪 / 竹叶菊
- 紫霞草
- 宿根马鞭草
- 琉璃菊
- 荷包牡丹 / 蝴蝶花
- 大吴风草

主要工作和管理要点月历

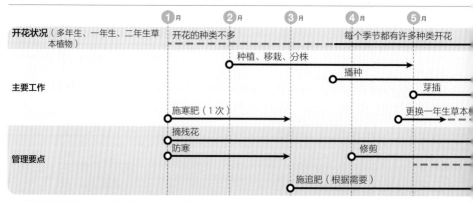

开花状况（多年生、一年生、二年生草本植物）：开花的种类不多 / 每个季节都有许多种类开花

主要工作：种植、移栽、分株 / 播种 / 芽插 / 施寒肥（1次）/ 更换一年生草本植...

管理要点：摘残花 / 防寒 / 修剪 / 施追肥（根据需要）

※ 栽培球根植物的主要工作和管理要点参见第 102 页。

开花时期会因当年的气候、品种而出现些许偏差。

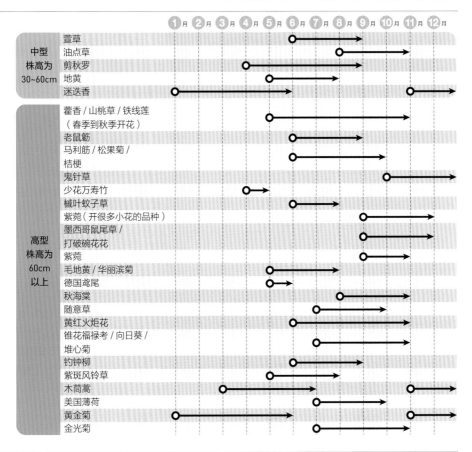

| | | 1月 | 2月 | 3月 | 4月 | 5月 | 6月 | 7月 | 8月 | 9月 | 10月 | 11月 | 12月 |

中型
株高为
30~60cm

萱草
油点草
剪秋罗
地黄
迷迭香

高型
株高为
60cm
以上

藿香 / 山桃草 / 铁线莲
（春季到秋季开花）
老鼠簕
马利筋 / 松果菊 /
桔梗
鬼针草
少花万寿竹
槭叶蚊子草
紫菀（开很多小花的品种）
墨西哥鼠尾草 /
打破碗花花
紫菀
毛地黄 / 华丽滨菊
德国鸢尾
秋海棠
随意草
黄红火炬花
锥花福禄考 / 向日葵 /
堆心菊
钓钟柳
紫斑风铃草
木茼蒿
美国薄荷
黄金菊
金光菊

请记住小花坛一年中的各保养时段吧。

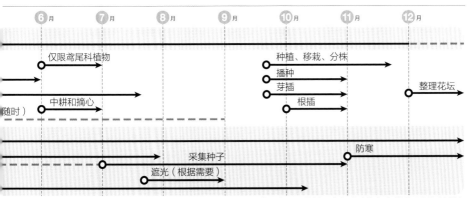

仅限鸢尾科植物
中耕和摘心（随时）
种植、移栽、分株
播种
芽插
根插
整理花坛
采集种子
遮光（根据需要）
防寒

以日本关东以西的地区为标准（气候类似我国长江流域）

1月

January

本月的花坛

虽然时处严寒期，但花坛中仿佛已有了春的痕迹。球根萌芽，冬季开花的球根植物双色冰激凌酢浆草、雪滴花纷纷绽放，黑铁筷子、三色堇（小花品种）、糖芥等植物也陆续开出了花朵。假如有下霜情况，需要在傍晚为植株罩上无纺布等，做好防寒工作，以免娇嫩的新芽受伤。

本月，有些宿根植物的地下茎或其上新芽的根部会微微露出地面，当然，也有矾根、短柄岩白菜这类茎向上伸展的植物。为植株基部培土，做好护根即可。

这是从上一年 12 月开始开花的黑铁筷子，它喜欢半背阴环境。

主要工作

防寒

为整个花坛罩上无纺布：在会下霜的地区，如果本月有植株正在开花，就需要在傍晚为整个花坛罩上无纺布。即使在同一片区域，不同位置的花坛，其周围的最低气温也可能不同。比如在日本关东以西的某个市区，四周都有建筑物环绕的朝南的花坛几乎不需要采取防寒措施。利用好能够记录最高温和最低温的温度计，有利于对花坛中植物的管理。另外，在日本天气预报所播报的最低气温是在离地面 1.5m 的位置上测量的。而地表温度往往比这低 3~4℃，因此，即便最低气温不低于 0℃，也可能出现霜冻情况，需要注意。

施寒肥

为宿根植物施肥：寒肥是为冬季休眠的宿根植物、庭院树等植物施加的肥料。寒肥一般为有机肥料，但也可用缓释复合肥料代替。有机肥料中混合了油粕、富含磷元素的骨粉等物质，在春季植株萌芽后会缓慢发挥肥效。在植株周围挖一圈浅沟，1 棵宿根植物（种植了约 3 年的植株）施一小把有机肥料即可。如果施的是缓释复合肥料，则 1 株施 1 茶匙的量。此外，上一年秋季种植的植株的基肥仍在生效，所以无须施寒肥。

摘残花

冬季也要摘残花：对于三色堇、糖芥等本月正在开花的草花植物，也要摘残花。冬季帮助传粉的昆虫不多，所以很多品种难以形成种子，但三色堇（小花品种）等植物可以。如果不需要采集种子，就应尽早摘残花，以防结种消耗养分（参见第 58 页摘残花的图片）。早花型的水仙等植物也要在花梗处摘残花。

管理要点

浇水

在北风干燥的太平洋沿岸地区，仅需在连续多日无降水、土壤干得发白的时候，于温暖的上午浇水。过于干燥的话，秋季种植的球根的花芽有可能枯死。需要注意的是，有时尽管土壤内部是干燥的，可融化的霜雪却令地表看起来很湿润。如果天气持续干燥，即使球根植物的地上部分没有发芽，也要为其充分浇水。

施肥

几乎不需要施肥。如果铁筷子等植物的苗长势旺盛，可以将液体肥料以大于规定稀释倍数的倍数稀释，然后一个月内施一两次这种液体肥料。

病虫害

几乎没有需要防治的病虫害。

本月的建议工作

深耕等养土工作

如果打算在开春后在花坛中种植植物，或者秋季拔除一年生、二年生草本植物后，花坛里只剩下几棵宿根植物，就为花坛进行深耕吧。先挖出宿根植物，将之转移进花盆等容器。深耕即把花坛深度约为 30cm 的表土（上层土壤）与深度约为 30cm 的心土（下层土壤）互换。心土暴露在空气中后，促进有机物分解的好氧微生物会活跃起来。建议为每 1m^2 的心土拌入约 15L 的腐叶土或堆肥等材料来养土。

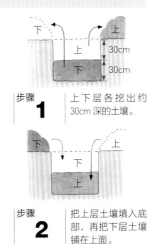

| 步骤 **1** | 上下层各挖出约 30cm 深的土壤。 |

| 步骤 **2** | 把上层土壤填入底部，再把下层土壤铺在上面。 |

55

2月

February

本月的花坛

在寒冷的天气里，阳光使人感觉到了春天的温暖。本月，部分小型球根植物、三色堇（小花品种）、糖芥等仍在开花。此外，辽吉侧金盏花、日本菟葵、雪割草等小型植物也开始开花了。

在本月可以栽种耐寒性强的铁线莲、铁筷子。杂种铁筷子的开花株会开始销售，可根据花色、花形来购买自己喜欢的品种。同时，市面上还有紫罗兰、金盏花、报春花、多花报春等植物的开花株。如果准备将植物种进花坛，就需要把植株摆放在屋檐下等位置1周左右，令其习惯寒冷的室外环境，并做好扎实的防寒工作。2月下旬可以分株。尽管正式的分株工作在3月进行，但玉簪、白及、铃兰、落新妇、淫羊藿、樱草等落叶性的宿根植物可以在2月下旬为其分株。

主要工作

防寒
以1月为准。

施寒肥
以1月为准。

摘残花
球根植物的残花从花梗处摘除：水仙、雪滴花等石蒜科的球根植物需从花梗处为其摘除残花。虽然也有植物像水仙的园艺品种那样无法自然形成种子，但受粉之后，它们的子房也会一定程度地膨胀并消耗养分，因此最好把残花摘除（保留花梗，有助于光合作用）。

摘除
花梗

水仙的残花从花梗处摘除。

会形成花穗的植物的残花从腋芽上方摘除：对于糖芥等花茎上会开出许多小花并形成花穗的种类，需在大多数花朵开败后从腋芽上方摘除残花，如此便能开出二茬花。金鱼草、紫罗兰、龙面花等开春花的植物，也是在腋芽上方为其摘除残花。

- 防寒　　　　　　　　• 施寒肥　　　　　　　　• 摘残花
- 分株

腋芽 →

对于会形成花穗的糖芥，在腋芽上方剪掉残花。

分株

繁殖、更新植株：这是一项十分重要的工作，不仅能繁殖植株，还能控制植株大小，更新开始衰老的植株。详情参见第 82~84 页。

管理要点

浇水

以 1 月为准。

施肥

粉蝶花、勿忘草等春季开花的一年生草本植物和铁筷子等植物的苗，如果长势旺盛，就以大于规定稀释倍数的倍数稀释液体肥料，并在一个月内施一两次这种液体肥料。

病虫害

几乎没有需要防治的病虫害。

本月的建议工作

种植铁线莲

铁线莲的新芽在 2 月中下旬开始萌发，所以适合在 2 月上旬种植铁线莲。种植时一定要把基部的芽埋进土壤。此时可能会出现立枯病，但只要把基部的 1 节埋在土壤里，即使地上部分枯萎，地里的芽也能够冒出来并生长。

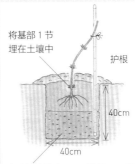

将基部 1 节埋在土壤中

护根

40cm

40cm

在土壤中拌入 3~4L 堆肥、一把石灰、适量的含磷元素的肥料（如骨粉）。

为铁筷子剪掉老叶片

在植株开花前，将剪刀刃在气体燃烧形成的火焰上灼烧杀菌，然后剪去老叶片吧。这样一来，铁筷子（春季开花的杂交品种，无茎品种）开花时植株基部会显得更清爽，花朵看起来更美丽。

3 月

March

本月的花坛

春季开花的一年生草本植物长大了，花朵数量也在增多。三色堇（小花品种）和报春花长得郁郁葱葱，开出了花朵，宿根植物也开始萌发新芽。草花之间的番红花、葡萄风信子和原种系郁金香等小型球根植物纷纷开出可爱的花朵。冬季的时候，植株间的土壤在花坛里原本很是显眼，如今开始生长的植株逐渐盖住了空隙。此时，花坛中也生出了杂草，请尽早除草。另外，随着气温的上升，需要注意预防病虫害了。本月容易出现蚜虫等害虫。本月下旬将迎来播种、种苗、移栽、分株等各种庭院园艺工作的适宜时期。

在新芽萌发前，剪掉短莛山麦冬和草类植物的老叶片。

主要工作

收拾防寒工具

于本月上旬收拾好无纺布等工具：沐浴在春日的阳光中，植物将开始茁壮生长。于本月上旬收拾好用于防寒的无纺布等工具，给花坛晒晒太阳（但要注意防霜冻）。覆盖无纺布会影响通风，花坛内部温度也会上升，新芽有可能因闷热而受伤。因此，应适时地收起无纺布。

摘残花

以 2 月为准。

在三色堇花梗的根部将其剪断。

施追肥

为一年生草本植物施速效复合肥料：到了本月，秋季种植的一年生草本植物将一齐生长，开花的速度也有所提升。应在本月上旬为其补充生长必需的肥料。适合施速效复合肥料（质量分数：氮元素 8%、磷元素 8%、钾元素 8% 等）。

分株

本月是分株的适宜时期。需尽早完成分株：许多宿根植物都适合在本月分株。在新芽萌发前分株对植株造成的损害会比

•收拾防寒工具	•摘残花	•施追肥
•分株	•种植和移栽	•播种

较小，因此需尽早完成。详情参见第82~84页。

种植和移栽

种植一年生草本植物、宿根植物和其分株苗时，都要注意避免伤及根系，以便使植株顺利生根。另外，种植的深度也极为关键。分株苗的种植深度参见第85页。

播种

详情参见第60、61页。

管理要点

浇水

进入本下旬后，气温上升，土壤容易干燥，因此要经常观察，在土壤干得泛白时浇水。

施肥

将液体肥料按规定倍数稀释后，于本月为生长中的苗施一两次。种苗的时候施基肥，为开花中的植物施追肥（参见上一页）。

病虫害

随着气温的上升，病虫害开始出现。春分以后很容易发现蚜虫，它们多出现在新芽的顶端等位置。发现初期可以捕杀，但数量较多的话，就应使用药剂。植株不断地生长，如果基部通风差、留有残花，会容易生灰霉病。因此需要去除受伤的底部叶片和杂草，勤摘残花。如果发霉、腐烂的现象频繁出现，则需要喷洒杀菌剂。

本月的建议工作

限制根系发达品种根部的生长区域

一些宿根植物的地下茎十分发达，会伸得长长的，有时会导致小花坛里的其他植物变得虚弱。为了防止其根系过度伸展，建议提前在土中把植株围起来以限制根部的生长区域——先在花坛中埋入塑料篱笆，再把苗种进去。

步骤 **1** 在土面上先用塑料篱笆围出植物根部的生长区域，然后在花坛里挖一圈土沟，埋入塑料篱笆。

步骤 **2** 回填土壤，把苗种进去。图中种植的是薄荷。

播种

一年生草本植物
易于播种培育

　　播种，种子发芽，长成健康的苗，然后开出花朵。这个过程是令人兴奋与喜悦的，充满了园艺的乐趣。买苗固然方便，却不一定能买到自己想要的植物或品种。这种时候，不妨从种子开始培育。

　　播种的适宜时期是气温刚好适合发芽的春季和秋季。3月下旬至5月，适合播种春播型一年生草本植物，9月下旬至10月，则适合播种秋播型一年生草本植物。从播种到植株开花，一年生草本植物只需要几个月。宿根植物也可以从种子开始培育，但播种后需要1年才能开花，有的种类甚至要2年左右。先从生长迅速的一年生草本植物开始尝试播种吧。

准备材料

　　播种专用培养土：使用购买的播种专用培养土最为方便。推荐在播种专用培养土中拌入占总量4成的超细颗粒赤玉土。这样就能避免土壤出现极端的干湿差异，也利于种子发芽之后的生长。表层覆盖的土壤可选择细颗粒的蛭石。

　　容器：如果是少量播种，可使用直

径为9cm或10.5cm的塑料盆、5~6号的浅花盆、塑料水果盒等食品容器（使用前在底部钻好排水孔）。

①购买的播种专用培养土（占总量6成）和超级颗粒赤玉土（占总量4成）　②购买的播种专用培养土　③用于覆盖的细颗粒蛭石。

不同大小的种子的播种方法

❶**大粒种子**　（向日葵、牵牛等）

点播

在育苗盆中戳两三个洞，每个洞放一颗种子。

向日葵

❷**中粒种子**　（百日菊、凤仙花、波斯菊等）

点播、条播

条播：在培养土中划一道浅沟，把种子播在沟里，种子的间距约为1cm。

百日菊

❸小粒种子 （种子是小颗粒的矮牵牛、秋海棠等）

撒播

把种子盛在厚纸上，使厚纸振动，将种子撒在浅花盆等容器中。

矮牵牛

拍打手部，使厚纸振动，以播撒种子。

注意事项：对于不喜移栽的主根系植物，要把种子撒在育苗盆里，并在后期种植时避免弄散根球。

覆盖土壤

播种时，光敏感种子（萌发时需光刺激的种子，如金鱼草、矮牵牛、凤仙花、秋海棠、毛地黄等的种子）只需盖上一层薄薄的土壤（稍稍遮住种子即可），其他的种子则要盖得严实一些（完全遮住种子）。下图所示的是用蛭石（细颗粒）来覆盖种子。

用蛭石（也可以是播种专用培养土）来覆盖种子。蛭石含有空气，能够为种子提供氧气，因此很适合用于覆盖种子。

供水

颗粒极小的种子适合从容器底部为其供水，大些的种子可以用装有细孔花洒式出水口的水壶从上面为其浇水。使用水壶浇水时要注意避免培养土和种子漂浮起来或者被冲出容器。控制好水流的速度和压力，分几次浇水。

底部供水：把播种后的容器摆在装有水的水盆中，防止缺水。

播种后的管理

摆放：种子发芽前，将播种后的容器摆在避雨的明亮背阴处进行管理。种子对光不敏感的种子的容器可以用湿润报纸等物盖住。种子发芽后将容器转移至有阳光的地方。

浇水：虽然要避免缺水，但严禁过度潮湿。表土干燥时再浇水。

施肥：当苗长出真叶后，将液体肥料以大于规定稀释倍数的倍数稀释，每周施一次肥。

移栽：当点播的苗长出真叶后，保留1棵健康有活力的苗，剪掉其余的苗。对于条播、撒播的苗，用镊子将一棵一棵的苗连根带土地提起来（下图），转移到装有培养土的直径为7.5~9cm的育苗盆中。将育苗盆摆在有日照的屋檐下进行管理，待根系布满育苗盆、真叶长到五六片时即可将苗定植。

4 月

April

本月的花坛

宿根植物的芽生长旺盛，有些宿根植物的花茎开始伸长。此时，一年生草本植物鲜花盛开，花坛里的草花开得热闹非凡。日照变强，植物的生长日益旺盛。有的植株长过了头，内部闷热不已，还有的植株枝条徒长，挡住了阳光。遇到这种情况时，就需靠疏枝、修剪来整理植株。到了本月下旬，从去年秋季一直开到现在的一年生草本植物差不多要结束花期了。虽然摘残花、修剪植株后，它们于5月能继续开花，但不如一口气将之换成初夏开花的草花。初夏开花的一年生草本植物的盛花期在入梅之前，因此，建议尽早种植。

气温上升后容易出现蚜虫等害虫。防治的关键在于每日留意病虫害的状况。

主要工作

摘残花

以2月为准。

分株、种植和移栽

以3月为准。详情参见第82~85页。

播种

以3月为准。详情参见第60、61页。

更换一年生草本植物

详情参见第64页。

修剪

把长高的植株剪得更紧凑：修剪是一项在6—7月把植株变矮的工作，目的是为杂乱的植株整枝、使秋季开花的高型品种植株变紧凑。在小花坛里，我们不能对伸长的枝条和过于繁茂的枝条放任不管，要一边观察一边修剪。观叶

修剪秋季开花的金球菊。
保留植株基部上方三四节的枝条，其余全部剪掉。

植物和秋季开花的菊类也可以在春季修剪（参见第73页）。

管理要点

浇水

气温上升，植株生长旺盛起来，花坛容易变干燥。如果连续多日没有降雨，就需要充分浇水。

施肥

更换一年生草本植物时施基肥。

病虫害

植株正式进入生长期，小花坛里也会出现各种害虫。比如蚜虫、夜蛾、蛞蝓等。夜蛾在夜间活动，白天潜伏在植株基部附近的土壤中。所以，稍微挖一下受害植株基部附近的土壤，便可以发现它们。蛞蝓也在夜间活动，借助手电筒观察，便能很容易找到它们。而其他害虫，只要在出现的早期及时发现，就可以用旧牙刷等工具将之刷掉，数量多时则需要使用药剂。早发现、早防治是基本原则。

对小花坛来说，防治病虫害只需使用少量药剂，对害虫、疾病都有效的喷雾式药剂使用起来最为方便。

本月的建议工作

春植型球根植物的种植

春季适合种植夏季至秋季开花的球根植物，如唐菖蒲、雄黄兰、葱莲、大丽花、凤梨百合、石蒜等。藤蔓性的嘉兰（4月下旬后）等植物十分艳丽，也值得种植。

大丽花的分球

大丽花在培育1年后会长出三四个分支球根，此时可以进行分球。球根于4月发芽，分球时不要弄断纤细的根颈，且分出的每部分球根上必须带有芽点。种植时横放球根，在芽的位置旁立一根临时的支柱，覆盖厚度为5~7cm的土壤。另外，根系会微微横向扩张，因此基肥应施在球根的周围。

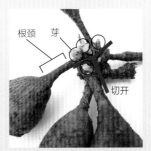

根颈　芽

切开

换季时更换植物以延长赏花时间

更换一年生
草本植物

适宜时期
盛花期结束后（这里指4月下旬）

把昨秋至今春开花的品种
换成初夏开花的品种

　　随着气温的上升，从去年晚秋开到今年 4 月的一年生草本植物度过了盛花期，植株渐渐虚弱下来。因此，我们需在 4 月下旬把它们换成初夏开花的品种。这样的更换，是令小花坛全年有花可赏的基本技巧。此外，如果有三色堇（小花品种）这类需要采集种子的植物，种子成熟了可直接采集；若种子没有成熟，则将植株移栽至育苗盆中以待采种。

　　如何挑选品种：选择夏季开花的品种时，要考虑植株跟宿根植物搭配的和谐度、株高、冠幅、花色。接下来介绍的是把种在花坛前排的三色堇（小花品种）和糖芥换成其他品种的操作方法。因为更换的是前排植物，所以应尽量选择矮小的植物。

　　下面将通过实操图片来介绍正确的更换方法。

更换植物前的花坛。

准备材料（示例）
准备部分一年生草本植物，如凤仙花、骨子菊、雏菊、马鞭草等。

步骤 **1**　用移栽铲托着根球，拔出植株。

步骤 **2**　拔出植株后，施适量的堆肥和基肥。将肥料拌入土壤。

步骤 **3**   均衡地布置准备的苗。

步骤 **4**   对于根系盘结的苗，可轻轻地弄散根球的底部，这利于根系与土壤接触，顺利扎根。

步骤 **5**   悉心地种植所有苗，然后充分浇水即可。
图中的即是更换过苗的花坛。

5月

May

本月的花坛

气温日渐上升，不耐直射日光的品种可能会出现叶烧现象。在拥挤的小花坛中植株间隔容易过于狭窄，导致通风不良、闷热。如果植株比较密集，就应狠下心来移除整棵整棵的植株。这些植株可移栽至花盆或其他地方观赏。但不管将之移栽到哪里，生根前都需要每天为之浇水。

本月是虫害的多发期。而且高温高湿的天气还容易使植株生病。通过勤摘残花、修剪徒长的枝条和杂乱的植株、保持植株周围清洁，可减少植株生病与生虫的情况。

铁筷子的花朵褪色，形成了种子，应尽快剪断花茎，采集种子。

主要工作

摘残花

以 2 月为准。

播种

宿根植物的播种适宜时期：本月正是适合播种报春花属植物、毛地黄（也有一年生草本品种）等宿根植物的时期。如果播种晚了，第二年植株就不会开花（植株于秋季长到一定程度，再经受冬季的寒冷方能开花）。二年生草本植物银扇草如果不在此时播种，第二年也不会开花。此外，假如在本月播种耐高温的牵牛、观赏辣椒、向日葵等一年生草本植物，它们很容易萌芽（第 60、61 页介绍了播种的方法）。

二年生草本植物银扇草的果实可以做成"干花"，掉落的种子能发芽，因此颇受人们喜爱。

修剪

以 4 月为准。详情参见第 73 页。

中耕

轻耙硬化了的土壤，改善其透气性：在长期没有降雨或者长期降雨的情况下，如果花坛的土壤变硬，就用小铁耙等工具轻耙植株基部附近的土壤。这样既能改善土壤的透气性、排水性，还

•摘残花	•播种	•修剪
•中耕	•扦插	

能除草。尤其是种植了很久的宿根植物，其基部附近的土壤容易板结，水难以渗入。所以，一年进行几次中耕吧。

用铁耙轻耙以疏松植株基部附近土壤。

扦插

详情参见第 70~72 页。

管理要点

浇水

以 4 月为准。但如果气温超过 25℃的时候变多，土壤会容易干燥，所以应经常观察，在干燥时充分浇水。

施肥

观察宿根植物的叶色和生长状态，当发现植株叶色浅淡、生长缓慢时，就需要考虑施追肥了。在植株基部适量施富含磷元素的液体肥料（质量分数：氮元素 6%、磷元素 10%、钾元素 5% 等）或固体肥料（质量分数：氮元素 10%、磷元素 18%、钾元素 7% 等）。

病虫害

要注意蚜虫、蛞蝓、卷蛾幼虫、夜蛾等害虫。持续降雨时，植株会生灰霉病、白粉病。

本月的建议工作

栽种伴生植物

越来越多的人认为，在住宅周边的小花坛中应尽量不使用农药。避免或减少病虫害的一种方法是栽种伴生植物——通过有效地搭配植物来防止疾病与虫害的发生。人们比较熟悉的方法是巧用香草。许多香草类的植物会产生独特的香味与成分，使得讨厌这些的害虫不愿靠近，或者反而吸引来害虫的天敌。撒尔维亚、百里香、迷迭香等植物能散发出菜粉蝶、夜蛾讨厌的香味，北葱等葱属植物能有效驱赶蚜虫，减少疾病的发生。另外，意大利欧芹（*Petroselinum crispum* var. *neapolitanum*）能对土里的金龟子幼虫产生驱虫效果，万寿菊能降低附着在根系上的线虫的密度。种植醉蝶花的话，可以吸引蓟马的天敌烟盲蝽。

不妨在花坛里混栽一些香草植物吧。

6月

June

本月的花坛

　　天气越来越热，大型宿根植物铁线莲、大丽花、华丽滨菊等植物在一坪花坛里开出了花朵。本月，需要在入梅前完成的工作一点儿都不少。为尽量避免花坛内闷热，我们需要靠回剪、疏枝、花后修剪来改善通风。请在本月中旬前完成吧。如果要把高型的开秋花的宿根植物修剪得紧凑一些，可在本月或下月进行。4月播种的一年生草本植物应按需要来摘心，以增加枝条数量。

为混杂的部分进行疏枝或回剪。图中所示是在为雪叶菊疏枝。

主要工作

摘残花

以 2 月为准。

播种

以 5 月为准。详情参见第 60、61 页。

修剪

详情参见第 73 页。

入梅前的养护

通过修剪等方式改善通风：小花坛容易受雨水影响，持续的降水会对植株造成伤害。叶片背面沾上泥土的话，有可能引发疾病。因此，我们应在入梅前对植株进行回剪、疏枝、整枝等工作，以改善通风。叶片大的植物可以为之减少叶片。另外，在植株基部铺一层薄薄的树皮堆肥、稻草、稻壳等材料进行护根，这样既能防止强降水造成泥土飞溅，也能有效抑制疾病的发生。修剪草花时，保留株高的 1/3~1/2 即可。修剪窍门是在腋芽的上方下剪。如果植株密集到几乎没有间距，就需要通过移除植株来改善通风。挖出来的植株可种进育苗盆等容器中观赏。

为苗摘心

促进苗分枝，使其长成茂密的植株：如果您在培育天竺葵等植物的小苗或春季播种的一年生草本植物，可通过摘心来增加枝条数量。摘心即摘除顶部的芽，以培育出多颗腋芽。它也有防止植株徒长的作用，适用于那些您想把植株打理得矮小茂密的植物。

在这里摘除

腋芽

摘心的方法

摘心：对于生长中的苗，摘除其顶部的芽（也叫打顶）。摘心时，通常是在距离苗基部两三节的高度剪断茎。留下的茎的节上会形成腋芽，开出花朵。

扦插

详情参见第 70~72 页。

管理要点

浇水

本月，很多时候气温都超过了25℃，甚至30℃，土壤更容易干燥了。因此，要经常观察，土壤干燥时于早上充分浇水。而入梅后会持续降水，几乎不需要为花坛浇水。

施肥

以大于规定稀释倍数的倍数稀释液体肥料，为生长中的小苗每2周施1次肥。

病虫害

要注意蚜虫、夜蛾、蛞蝓、毛虫等害虫。持续降雨时，植物可能患灰霉病、白粉病、苗的立枯病和软腐病等疾病。

本月的建议工作

为鸢尾科植物分株

玉蝉花、溪荪、德国鸢尾等鸢尾科的宿根植物适合于花后进行分株，且可在花后立刻分株并移栽。今年开花的植株明年都不会再开花，因此可以对没有开花的幼株进行分株并种植。

分株参见第 82~84 页。

上图中的是德国鸢尾的盆栽。把叶片剪掉一半的长度，为根茎留出增殖的空间，将植株浅植在花盆里，露出一点儿根茎。8 号盆可以容纳约两块根茎。

采集春季开花的一年生草本植物和宿根植物的种子

本月可采集万寿菊、黑种草等一年生草本植物，以及毛地黄、耧斗菜等宿根植物的种子（采集种子的植物需保留残花）。

轻松繁殖草花

扦插

适宜时期
初夏与秋季不容易失败

顶芽扦插、茎插、叶插等

扦插可作为一种繁殖草花的简单方法，即把草花插穗插进扦插专用的土壤中令其生根。

扦插的适宜时期为植物长势旺盛的初夏（5—7月），以及夏日酷暑告一段落后、植物再次开始生长的秋季（秋分至10月）。具体情况因品种而异，但大部分植物都需要2~3周时间来生根。

根据插穗不同，扦插分为顶芽扦插（用茎的顶端扦插）、茎插（用茎扦插）、叶插（叶片扦插）。扦插草花时多采用顶芽扦插。

培养土：除了购买的扦插和播种专用土，扦插用的培养土也可以用小颗粒的赤玉土。对秋海棠等植物进行叶插时适合用混合了泥煤藓与蛭石的土壤。

购买的扦插和播种专用土 ｜ 小颗粒赤玉土 ｜ 蛭石占2成、泥煤藓（已调节好酸度）占1成的混合土

准备材料

需要繁殖的植物（生有当年长出的、年轻健康的枝条）、锋利的小刀或剪刀、培养土、直径为9~10.5cm的育苗盆、筷子。

扦插示例植物：石竹

下面将通过示例来介绍扦插的方法。

调整插穗

步骤 **1** 用锋利的小刀等工具，把没有开花的新芽顶部取下来，长度为5~6cm。

步骤 **2** 小心地摘除底部两三节的叶片，不要弄伤茎。

吸水

使插穗在水中浸泡约30min。

插入插穗

步骤

1

向直径为 10.5cm 的育苗盆填入培养土并充分浇水。

步骤

2

用筷子在培养土中戳出深度约为 2cm 的小孔。如此，便可以避免扦插时弄伤插穗娇嫩的茎（切口）。

步骤

3

把插穗插入小孔，用手指按压培养土，让培养土与插穗紧密贴合。

步骤

4

插完插穗后，再次浇水。

扦插后的管理

摆放：只要在适宜的时期扦插，扦插后 2 周左右草花插穗便开始生根，应暂时避开直射阳光，将其摆放在屋檐下等避雨的明亮背阴处进行管理。当插穗恢复生机后，再让它们逐渐适应直射阳光。

浇水：用喷壶或水壶 1 天浇一两次水，以防插穗萎蔫。如果培养土过于潮湿，不仅插穗生根的速度会变慢，还有可能腐烂。我们应观察插穗的状态，一旦叶片不再萎蔫，就减少浇水量。

各种调整过的插穗

矾根

在顶端选取长度约为 2cm 的茎，摘除插穗底部的叶片。

大丽花

把插穗（茎）底部的节处削成楔子形，减少一半的叶片以抑制蒸腾作用。

凹脉鼠尾草

插穗长 7~8cm。叶片虽小，但要去除一半以抑制蒸腾作用。

上盆

当育苗盆底能看到根系或新芽开始生长后，便可以把生根的石竹一棵棵地分别种进其他盆中。

步骤

1

插穗长出了新芽，有的还开花了（大约在扦插的 1 个月后）。

步骤

2

一棵棵地分别种进装有培养土的直径为 10.5cm 的育苗盆中。

扦插的大丽花在晚秋形成了小小的球根。

为菊属植物的插穗（芽或茎）的切口处涂抹泥土

有一种扦插方法，是为插穗的切口处涂抹黏稠的泥土。这种方法用于菊属植物的扦插。以干净无菌的泥土盖住插穗切口，这样既能防止干燥，也能提供适量的水分，还能有效阻止细菌的入侵。可在泥土中拌入催根剂以提高生根率，加速插穗的生根。

示例：金球菊

把碾碎的赤玉土与水混合，搅拌成柔软的状态，然后涂在插穗的切口处。

这是涂过泥土的插穗。随后将之插进直径为 10.5cm 的育苗盆中（参见第 71 页）。

扦插后的金球菊已经生根，长成了可以上盆的状态。

控制株高

修剪

适宜时期
开秋花品种的修剪在6—7月进行

好处多多

　　修剪即把伸长的花茎、侧枝等部位剪短。一般情况下，我们会为了控制株高而把开过花的花茎（一些强健品种的花茎修剪至地表附近，而长势稳定和虚弱的品种仅为之剪去花朵）、开花前的花茎剪短。不仅如此，修剪还是一项使植株维持健康状态的重要工作，比如修剪杂乱的部分以改善通风。

　　要控制高型的开秋花的宿根植物的株高，就应在开花前的初夏（主要为6—7月）把花茎剪短。到了8月再修剪，植株可能不会开花，因此需要注意。修剪后的植株将以矮小、茂盛的状态开出花朵。

修剪示例

降低株高

要想宿根紫苑以矮小的状态开花，就需把花茎修剪至距离基部约10cm的高度。另外，植株的高度可根据种类、品种、种植地点、周围其他植物的株高来进行适宜的调整，比如将植株修剪至原株高的1/3~1/2等。

增加花团数量

从茎的顶部修剪，剪掉两三节的长度，这样就能使植株形成多颗腋芽，开出大量的小花朵。图中的为锥花福禄考。修剪位置下方的节和更下方的节上形成了三四颗腋芽并开出了花朵。小巧的花朵开得十分娇艳。

花后修剪花茎

香草类的酸模在6月停止开花，因此可以剪掉高大的花茎。红脉酸模是一种叶脉呈红色的酸模属植物，也可以当作园艺植物。其嫩叶用来制作沙拉等食物。

使植株暂时不开花

大丽花不喜夜间温度高于20℃的酷暑。因此，在日本关东以西的地区，可于7月通过修剪植株来避免其夏季开花。仅保留植株基部上方3节左右的长度，令其在秋季开花。大丽花到了9月将再次开花，并且持续开到晚秋。

7月

July

本月的花坛

即使在梅雨期，松果菊、紫霞草、萱草等强健的宿根植物，以及香彩雀、繁星花等耐热性强的一年生草本植物都开得鲜艳极了。反倒是骨子菊等叶片有一定厚度的植物，在持续降水时会受到伤害。出梅后气温骤然升高，白天的时候，适合置于向阳处的草花的叶片可能会萎蔫，部分植株也萎靡不振的。一旦气温超过30℃，许多植物的植株都会虚弱下来。对于朝南的花坛、日照强烈的花坛，我们可以考虑采取遮光措施。

报春花出现叶烧现象的叶片。

主要工作

摘残花

以2月为准。

采集种子

为开春花的一年生草本植物、宿根植物采集种子：出梅后就能采集种子。为心仪的草花保留残花，以便采集种子。

7月可以采集种子的主要草花

※ 进入8月后，也可以采集春季播种的一年生草本植物的种子。

黑种草

金鱼草

万寿菊

石竹

扦插

大多数宿根植物、部分一年生草本植物可以扦插：如果在7月上旬（梅雨期）结束前进行扦插，插穗很容易生根，繁殖植株很是轻松。详情参见第70~72页。

图中的是在水中生根的凤仙花插穗。在梅雨期，秋海棠属的植物、宿根紫菀等许多种类都能采用这种方式扦插。把修剪后的枝条插进有水的杯子里即可。

修剪

以 6 月为准。详情参见第 73 页。

管理要点

浇水

梅雨期结束前几乎不需要浇水。出梅后的气温不仅在 30℃ 以上，有时甚至超过了 35℃，土壤更容易变干燥，因此，需要我们经常观察，干燥时于早晨或傍晚充分浇水。如果这样浇水后植株依然处于萎蔫的状态，就在早晨和傍晚各浇一次水。

施肥

几乎不需要施肥。以大于规定倍数的倍数稀释液体肥料，为生长中的小苗每 2 周施 1 次肥。

病虫害

要注意蚜虫、夜蛾、蛞蝓、毛虫等害虫，在持续降雨的情况下，植物可能患灰霉病、白粉病、苗的立枯病和软腐病等疾病。而出梅后的高温干燥天气，可能会让盆栽植物上出现叶螨。

本月的建议工作

简易遮光

如果花坛一整天都会受到阳光直射，就采取一点儿简易的遮光措施吧：把支柱搭成井字形，罩上遮光网即可。建议选择遮光率为 50%~60% 的遮光网。

在四角插上 4 根支柱后，用压顶簧等工具在顶部固定支柱，然后罩上遮光网就可以了。

叶插

虽然此时无法对根茎类秋海棠和庭院栽培的植物进行叶插，但本月是适合非洲堇（下图）等植物叶插的时期。使用的培养土参见第 70 页。

叶柄保留 1~1.5cm 的长度。将叶子浸泡在水中吸水。

把叶柄插进培养土。

8月

August

本月的花坛

在盛夏的阳光下，植物看起来被热得无精打采的。仍在开花的是萱草、紫霞草、一年生草本植物繁星花等耐热性强的植物。本月很多时候夜间气温不低于 25℃，傍晚需要为花坛及其周边充分浇水，借助水分蒸发来尽可能地降低气温。不过，要避免淋到不喜过度潮湿的植物，仅在植物周围浇水。对于日照强烈的花坛，白天最好为其遮光。小花坛可以用竹帘遮光。

有植物因酷暑受损，花坛中有了空缺。

主要工作

摘残花

以 2 月为准。

采集种子

为春夏开花的一年生草本植物、宿根植物采集种子：进入 8 月后，可以采集到春季播种的凤仙花、百日菊、牵牛等一年生草本植物的种子。松果菊等宿根植物，也可等到果实成熟后摘下来使之风干。

遮光

以 7 月为准。详情参见第 75 页。

种植秋花型球根植物

9 月上旬结束前完成种植：秋季开花的球根植物大多充满了魅力。其种类繁多，比如秋花型番红花、秋水仙、黄韭兰、纳丽花、纳金花等。在夏末至 9 月上旬种植就可以。不妨去园艺店转一转，找寻自己心仪的球根植物。秋水仙的球根直接摆在桌子上也能开花（可以花后种植）。在 11 月前都有开花的纳丽花球根出售。如果要种进花坛，可以选择一些只需简单防寒便能越冬的种类，比如鲍登纳丽花（下图）。纳金花不耐寒，盆栽比较保险。

秋水仙

鲍登纳丽花

- 摘残花
- 遮光
- 采集种子
- 种植秋花型球根植物

图中的是秋花型番红花，其右边为常春藤叶仙客来。

粉铃花在初秋种下，晚秋便能开花。粉色的小花可爱极了。

管理要点

浇水

最高气温高于30℃的日子很多，土壤越发容易干燥，因此要经常观察，干燥时于早晨充分浇水，必要时傍晚也可以浇一次。仔细留意植物的状态，如果植株因为强烈的日照而变得虚弱，就需用遮光网等工具减弱光照强度以降低植物的"体温"，但要避免影响通风。

施肥

基本不需要施肥。

病虫害

以7月为准。

本月的建议工作

应对台风

近年来，台风出现得越来越频繁。花坛无法像盆栽一般可移动，容易遭受严重的损害。当台风过境或可能有大规模的台风登陆时，就为高大的植物安插几根牢固的支柱，再缠上遮光网等以降低台风的影响，锥花福禄考等开花告一段落的植物可以修剪了，稍微降低其株高后再为之插上牢固的支柱。对于矮小、紧凑的植物，可以修剪杂乱的枝条、徒长的部分，使植株高度减少一半，以将损害降至最低。

高型品种的防风措施

缠上遮光网

支柱

9月

September

本月的花坛

本月上旬残暑未消，植物在白天看起来"无精打采"的，但在凉风吹拂的傍晚又会"精神"起来。宿根紫菀、秋海棠、打破碗花花等早花型植物开始开花了。到了中旬，便可以进行种植、移栽、分株等园艺工作。从本月下旬的秋分开始，可以播种秋播型一年生草本植物了。许多植物也可以在10月后播种，但三色堇（小花品种）等开花较早，所以，一到9月就马上为冬季开花的植物播种吧。但适宜飞燕草、翠雀等植物发芽的温度偏低，它们适合在10月播种。此外，需要注意的是，如果用于秋季播种的种子一直保存在冰箱里，那么种子可能会提前或推迟发芽。

另外，要尽早分株，尽早种植。

主要工作

摘残花

以2月为准。

采集种子

为开夏花的一年生草本植物、宿根植物采集种子：以7月为准。

分株

适宜分株的时期在秋分前后：秋分前后进行秋季的分株工作。常绿宿根植物（多年生草本植物）百子莲等种类耐寒性略差，因此分株要趁早。分株的详情参见第82~84页。

百子莲的分株

步骤

1

百子莲的根容易断裂，无论是盆栽的还是庭院栽培的植株，挖的时候都应小心谨慎。

步骤

2

从容易分割的位置，把植株分成两部分。

- 摘残花
- 采集种子
- 分株
- 种植和移栽
- 扦插
- 播种

种植和移栽

以 3 月为准。

扦插

以 6 月为准。秋季的扦插工作适合在暑气消散的 9 月下旬至 10 月。寒冷地区 10 月后会明显降温，因此应尽快完成扦插。

播种

以 3 月为准。

管理要点

浇水

在残暑未消的 9 月上旬，土壤干燥时应于早晨充分浇水。而中旬气温下降后，观察花坛的状态，干燥时就可浇水。9 月也可能出现持续降雨的天气，因此要关注天气预报，降雨前不要浇水。

施肥

种植或移栽时需要施基肥。能够在花坛里持久开花的植物可根据植株的状态施追肥。当植株出现缺肥的迹象，如叶色变糟、花朵变小、底部叶片枯萎等情况，就施几次按规定倍数稀释的液体肥料。也可以把追肥专用的速效复合肥料施在植株基部附近。

病虫害

以 7 月为准。但在 9 月锥花福禄考、美国薄荷、一部分铁线莲等容易生白粉病，需要注意。

本月的建议工作

防止连作障碍，为鸢尾科、菊科的植物更换种植地点

不知您是否听过"连作障碍"这个词。它的意思是如果一直在同一块田里种植同一种作物或近缘作物，作物就会出现生长发育异常的情况。据说这是由土壤中有害的病原菌增加、土壤养分失衡引发的。这种现象也容易出现在鸢尾科和菊科的草上。如果在一处长时间种植德国鸢尾等植物，就需要把植株移栽至从未种过鸢尾科的地方。菊科植物也是如此。隔 7~8 年就应移栽一次。要是庭院不大，不便于移栽，可在土壤中拌入尽可能多的堆肥、腐叶土等有机物，并添加石灰等材料以改良土壤，然后重新种植植株。

NP-S.Maruyama

德国鸢尾

10月

October

本月的花坛

本月天气凉爽，植物生机勃勃。紫菀（开很多小花的一类品种）等晚花型的宿根紫菀开花了，锥花福禄考、大丽花也开得格外鲜艳。一年生草本植物的凤仙花、繁星花仍在开花。

本月是种植、移栽、分株、播种等工作的适宜时期。分株、移栽、种植需尽早完成，好令植株在寒潮来临前扎根。另外，本月也是种植秋植型球根植物的适宜时期。郁金香等植物在高温时期不会生根（10~15℃才适合郁金香生根），但在本月尽早种植的话，它们后期会生长得很好。

M.Usuda

郁金香应在10月尽早种植。

主要工作

摘残花
以2月为准。

采集种子
以8月为准。

分株、种植和移栽
以3月为准。分株参见第82~84页。

播种
以3月为准。

扦插
培育用于越冬的小苗：10月上中旬可进行扦插。通过扦插来繁殖耐寒性偏差的植物，令其以小苗的状态在室内的窗边度过冬季。推荐扦插的有凤仙花、骨子菊、宿根马鞭草、鼠尾草属植物等。此外，如果窗边有多余的空间，还可以把植株种进花盆里过冬。在这一时期，把不耐热的毛地黄以大插穗（下图）进行扦插的话，插穗很容易生根，并于次年开出花朵。扦插的详情参见第70~72页。

M.Usuda

毛地黄的大插穗生根后，将之摆在屋檐下方管理。接触到冬季的寒气后，植株便会于次年开花。

- 摘残花
- 采集种子
- 分株、种植和移栽
- 播种
- 扦插

管理要点

浇水

以 9 月为准。

施肥

种植或移栽时需要施基肥。花坛里的植物几乎不需要追肥。由种子发育而来的小苗需要定期为之施液体肥料。

即使是小空间，种植时也别忘了施基肥。

为铁筷子的苗施液体肥料。秋冬期间的铁筷子生长旺盛，定期施肥即可。

病虫害

以 9 月为准。

本月的建议工作

挖出春植型球根植物的球根，并注意保存方法

10 月下旬可挖出春季种植的球根植物的球根。大丽花、唐菖蒲等部分植物可以靠培土来过冬。但花坛里也有许多像香雪兰、鸢尾、嘉兰这类不耐寒的植物，因此，应尽早挖出它们的植株，摘除枯萎的茎叶，清理掉泥土，然后将球根装进网袋等容器中，在不结冰的地方干燥保存（嘉兰需埋进蛭石等材料中保存）。

把嘉兰放在装有蛭石的纸箱中，再在其上覆盖蛭石。

将种子保存在冰箱里

将充分干燥的种子去壳，再装进纸袋，然后封存在密封容器里，放进冰箱保存。放在室内的话，种子会受潮，而且室温变化大时，种子的发芽能力会变弱，寿命也会缩短。

分株

适宜时期
秋季或春季

于秋季为春季开花的品种分株，于次年春为夏秋开花的品种季分株

分株的好处有很多，不仅能繁殖、更新植株（铁筷子等植物长成大株后，长势会从中心开始减弱），更能起到维持花坛美观的作用。

完成种植后，多数宿根植物会在2~3年后长成大株。有的种类的地下茎会伸长并向四周蔓延。所以，为了控制小花坛里植株的大小，分株是很有必要的。

操作的适宜时期为植株休眠前的秋季，以及植株即将开始生长的次年春季。一般来说，于秋季为春季开花的品种分株，于次年春为夏秋开花的品种分株。两个时间段都错开了生长期，即使分割植株也不会对其造成太大的伤害。但是也有例外的情况，玉蝉花等鸢尾科的草花适合在花后立即分株。

图中的是种了快10年的铁筷子，其中央都没有芽了，只在外围能看到寥寥几颗芽。

分株方法因繁殖方式不同而不同

宿根植物的繁殖方式，主要分为以下4种。

❶母株周围长出了子株，植株呈丛生状（参见第83页）

❷地下茎伸长后，在母株的周围四处发芽（参见第83页）

❸茎（匍匐茎）匍匐在地上，伸长、蔓延

花叶野芝麻的匍匐茎贴着地表的那一面长出了根系。把生根的子株分离出来。

❹植株基部的腋芽会发育成名为"匍匐茎"的水平方向生长的茎，匍匐茎的末端会形成子株（如野草莓、虎耳草等）

虎耳草和野草莓（上图）是通过匍匐茎末端的子株繁殖的。分株时选择根系发达的子株。

宿根植物繁殖方式中最多的是❶，其次的是❷。

1 丛生型植株：分割植株

例：锥花福禄考

挖出来的植株。

| 步骤 **1** | 在容易分割的位置下剪，将植株分割成大份，每份包含 3 颗以上的芽点。每份太小的话，会影响植株生长。 |

| 步骤 **2** | 植株被分成了 3 小株，每小株包含 4~6 颗芽。如此一来，开的花会比较多。 |

2 地下茎伸长型植株：分离子株

例：缘毛过路黄"爆竹（Firecracker）"

挖出来的植株。

| 步骤 **1** | 为子株尽可能多地分一些根须。尽量选择大一些的子株。 |

| 步骤 **2** | 图中的是母株和分离出来的子株。左上方两株根须较少，因此需要育苗。右下方子株的根须较多，可以直接种植。 |

这样的分株方法

地下长有球形假鳞茎的白及

　　白及扁平的球形假鳞茎上每年会长出新的一块来，植株逐渐发育成大株。分株时，1 颗芽至少应附带 3 块假鳞茎。如果分出的小株含有 5 颗以上的芽点，开花时将格外壮观。

步骤

1

挖植株。

步骤

2

和丛生型植株一样，每小株分割得大一些，且至少包含 5 颗芽。

步骤

3

将植株分成了 3 株。每株包含 5~10 颗芽。

根茎粗壮的德国鸢尾

　　德国鸢尾的老根 [状] 茎上每年会长出一两根新的根 [状] 茎。植株发育成大株后，根 [状] 茎会纠缠在一起，开花状况会变差。所以每隔 2~3 年，庭院栽培的植株需在花后移栽一次，参见第 69 页"本月的建议工作"。

挖出来的德国鸢尾中央的老根 [状] 茎上长出了新的根 [状] 茎，并向左右扩张。

撕开根 [状] 茎，且将每小株分得大一些。开过花的根 [状] 茎次年不会开花，因此可以直接把老根 [状] 茎剪掉，保留新的根 [状] 茎。

※ 宿根植物的种植深度参见下一页。

分株苗的种植深度

不同植物适合不同的种植深度

种植分株苗的时候，种植深度会因植物种类而异。种植时，对多数植物而言，应使其生长点（萌芽的位置）贴近地表，但也有像玉簪、白及一样，芽需要埋在地里过冬的植物，以及像德国鸢尾一样需要浅植且露出根[状]茎的植物。对于需要把芽埋在地里过冬的种类，种植时芽的顶部要比地表低2~3cm，而在严寒的地方要种得更深一些。

示例 1 **不要埋住生长点**

常绿或半常绿状态下越冬的植物

上图 / 铁筷子
下图 / 松果菊

示例 2 **把芽（生长点）埋至 2~3cm 深**

芽在地下过冬的植物

上图 / 玉簪
下图 / 白及

示例 3 **使根[状]茎在地表露出一半**

根系分布较浅，喜欢干燥环境的植物

将德国鸢尾植株浅植在略微堆高的土壤中，露出根[状]茎的上半部分。

令根部长出不定芽

根插

适宜时期

早春、晚秋

根插可作为宿根植物的一种繁殖方法，这种方法利用了根部会长出不定芽的这一特性。对于能形成不定芽的种类，我们可以把它们的根部横放并埋入土壤。

可以根插的宿根植物主要有老鼠簕、打破碗花花、琉璃菊、硬叶蓝刺头等。

繁殖琉璃菊时，既可以分株，也可以播种。

M.Usuda

根插后的管理

发芽所需的时间因植物种类而异，不管根插的时间是早春还是晚秋，植物都是在 1~2 个月后开始萌芽。当真叶长到五六片时，便可将小苗种进花盆。

● **摆放**：摆放在屋檐下等冬季盆土不会冻结的地方。

● **浇水**：避免干燥。过度浇水会导致植株难以生根，因此，请等到表土干燥了再浇水。

准备材料

培养土：小颗粒赤玉土或购买的扦插和播种专用培养土。

花盆：5~6 号的浅盆。

工具：剪刀。

例：老鼠簕

这里用于根插的品种为"塔斯马尼亚天使"（参见第 34 页）。这一品种生长迟缓、难以繁殖，根插是适合它的一种有效的繁殖方法。

步骤

1

把直径 5~6mm 的根分割成几截长 2~3cm 的小段。

步骤

2

向花盆中填入培养土（小颗粒赤玉土），其厚度为花盆深度的一半。把根不重叠地横放在土上。

步骤

3

盖上 1~2cm 厚的培养土，充分浇水后插上标签。

肥料的正确使用方法

施肥的窍门——种植前施基肥，生长期施追肥

在适宜的时期施加适宜的肥料；施追肥的原则是少量多次

花坛中如果长时间地种大量的植物，土壤中的养分就会被大量消耗，土壤逐渐变得贫瘠。因此，我们应根据需要来施肥。土壤中最容易欠缺的是氮元素、磷元素、钾元素这三要素。买来的肥料的成分表上是以"10-10-10"这种形式来依次表示 N、P、K 的含量。其中，N 是被称为"叶肥"的氮元素，可促进发育初期的幼苗的茎叶以及观叶植物的生长，P 是被称为"花肥"的磷元素，可促进植物开花结果，K 是可促进植物生根的"根肥"钾元素，球根植物十分需要。

基肥与追肥

1 基肥

基肥是种植花坛植物或幼苗时提前施的一种肥料，主要是缓慢生效的迟效复合肥料或有机肥料。宿根植物的生长周期长，特别适合使用肥效持久的肥料。施基肥的重点在于，把肥料均匀拌入土壤，避免根系与肥料直接接触。

施肥时期：养土的时候。大约在种植前 1 个月施基肥，以便让油粕等未发酵的有机肥料在土壤中完全分解。

用量：肥料的种类不同，其成分的含量会有所不同，因此要仔细阅读说明信息。就一般的复合肥料而言，在大概一榻榻米（约 1.6m^2）面积的土壤中撒一把（以成人的手为标准，约为 30g）即可。

2 追肥

追肥是在植物生长期间为其补充缺失的养分而施的一种肥料，主要是快速生效的速效复合肥料或液体肥料。

施肥时期：宿根植物，通常在春季萌芽前和开完花后为其施追肥。一年生、二年生草本植物，在种植后的 0.5~1 个月后开始定期施追肥（间隔时长为 0.5~1 个月）。

用量：1 株约 1 茶匙（需先确定规定用量）。一次不要施太多，施肥窍门是少量多次。

对植物的生长来说，尽管肥料是必不可少的，但过量施肥会导致植株徒长、株姿杂乱、植株虚弱等问题，因此要做到"在适宜的时期施适量的肥料"。

基肥、追肥通用的复合肥料。

用作基肥的迟效复合肥料。

11月

November

本月的花坛

除了新种下的开冬花的植物，本月再没有其他开花的草花了，此时也到了为花坛做冬季养护的时期。在部分地区，我们需要为秋季种植的三色堇等草花做好护根工作，避免霜冻对其造成伤害。

整个11月，可以对地上部分枯萎的玉簪等耐寒性强的植物进行分株和种植，但应在真正的寒潮到来前尽快完成。

在寒冷地区，需为整个花坛罩上无纺布。用砖块等物压住四角，防止无纺布被风刮走。

图中的是用于护根的材料。上面的是稻草，右下方的是腐叶土，左下方的为稻壳。

主要工作

摘残花
以2月为准。

分株
以3月为准。详情参见第82~84页。

种植
种植后为植株护根：以3月为准。在这段天气逐渐寒冷的时期，我们需要尽早完成种植，且种植后必须为植株做好护根工作。猛烈的寒潮来袭时，土壤中形成的霜柱可能会使植株根部暴露出来。为了防止形成霜柱和表土冻结，我们应在植株基部铺上厚度约为5cm的腐叶土等材料。

宿根植物的养护
剪掉枯茎，为植株护根：当夏季到秋季开花的宿根植物枯萎后，便从其基部把茎剪断，并为根系暴露的植株培土，为冒出新芽的植株在基部做好护根工作。护根材料既能防寒，也能保护新芽。

步骤 **1** 修剪锥花福禄考的茎，保留约10cm的长度。

- 摘残花　　　　　●分株　　　　　　●种植
- 宿根植物的养护　　●防寒

步骤 **2**　茎的根部冒出了小小的新芽，要为之培土。

步骤 **3**　铺上厚度约为 5cm 的腐叶土，为植株做好护根工作。

防寒

以 1 月为准。

管理要点

浇水

几乎不需要浇水。

施肥

种植和移栽时施基肥。对于在屋檐下、室内窗边培育的苗，可施少量稀释过的液体肥料。

病虫害

11 月几乎没有病虫害，但也有可能出现蚜虫，需要经常观察。

本月的建议工作

制作保温棚

为了保护苗、耐寒性差的植物免受冬季寒潮的侵袭，不妨制作一个简易的保温围栏吧。推荐制作下图所示的箱型保温棚，其大小可根据摆放的空间来设计。侧壁可以使用有一定厚度的胶合板或板状的隔热材料。顶部（盖子）为木框加亚克力板或玻璃板（厚厚的塑料布也可以），被做成了能够开合的样式（可以用棒子等工具撑起盖子）。白天打开盖子换气，晚上则关上盖子。到了严寒时期，可以为顶部罩上农用塑料膜、旧毛毯等物。

亚克力板或玻璃板

胶合板等

约 60cm

约 30cm

约 100cm

根据摆放的空间来设计大小

12月

December

本月的花坛

本月花坛植物进入了休眠期。可能有人种植了开冬花的黑铁筷子、矮型的羽衣甘蓝、园艺仙客来等植物，营造出了五彩缤纷的角落。或许还有很多人栽种了秋植型球根植物。不管什么情况，都要努力为种有植物的花坛做好防寒工作。虽然冬季不会进行种植等工作，但如果打算次年入春后种植植物，就在本月做好整理花坛和养土工作吧。把花坛中的垃圾收拾干净后，即可往土壤中拌入石灰、腐叶土或堆肥等材料。

在会下霜的地区，利用拱形支柱和农用塑料膜遮住花坛。

主要工作

摘残花

以2月为准。

防寒

以1月为准。

整理花坛

为迎接春季而做好养土工作：如果此时花坛中没有栽种植物或者有部分的空地，我们就需要把土表面清扫干净，做好养土工作。如果要拔除所有的植物，则可以进行深耕（参见第55页）——把石灰和腐叶土等土壤改良材料铺在土上，翻土，将之拌均匀即可。

步骤

1

拔除枯萎的根系与茎叶，铺上厚度约为5cm的腐叶土。

步骤

2

把有机石灰（在1m²的土中约使用100g）撒在腐叶土上面。

步骤

3

用铁锹整地，将石灰、腐叶土与土壤搅拌均匀。

如果不打算把大丽花挖出来，就对茎进行修剪，保留约2cm的长度。用腐叶土护根以防寒（参见第88、89页）。

管理要点

浇水

以11月为准。

施肥

除了在室内管理的苗，其余的不需要施肥。

病虫害

几乎没有病虫害。

本月的建议工作

园艺工具的保养

您没有懈怠对铁锹、剪刀、移栽铲等园艺工具的保养吧？泥土和工具材质可能都是其生锈的原因。我们可以在每次使用的时候进行保养，但不少人的保养方法都只是简单地清理一下剪刀。不如趁冬季的时候仔细打磨一下吧。

用轻便的磨具磨剪刀。

制订次年入春后的花坛植栽计划

冬季的园艺工作不多，我们可以制订次年入春后的花坛植栽计划。如果花坛中有秋季种植的植物，此时可以思考和选择将于次年春夏之时替换它们的一年生草本植物。收集想要栽培的植物的信息（花期和株高尤其重要），并制作一张简单的植栽图（能表现出春、夏、秋三季的模样即可）。

推荐高设花坛
利于植物生长的高设花坛

高于地表几十厘米

花坛排水性的好坏是影响植物生长的关键因素。只要您的花坛日照充足、土壤水分适中，植物生长基本上就不会出现问题。但如果花坛排水性略差或者处在背阴的环境中，那不妨试一试高设花坛（花台）吧。

堆高花坛的土壤能够提升排水性，大幅改善植物的生长环境。就算只加高10cm也能产生效果，但最好用砖块、枕木等物围住花坛，使之提升20~30cm的高度。

如果土壤难以收集，可以用购买的赤玉土，只不过用量大时成本较高。还是尽量想想成本低廉的方法吧。

把红土轻轻握在手里，捏起来松软的便是排水性好的土壤，而碎成散沙状的土壤、完全捏不动的黏土不建议用作花坛土壤。

通过改良土壤，还能观赏到耐热性差的宿根植物

难以在温暖地区生长、不耐高温高湿环境的宿根植物和山野草也能在高设花坛里存活好几年，种植的关键之处在于改良土壤——可以在花坛中添加鹿沼土、浮岩等颗粒状的硬质土来提升排水性，在此基础上再倒入腐叶土、石灰，

搅拌均匀。

最后只需把喜欢的植物种进去就可以了。快尝试栽培自己心仪已久的宿根植物吧。

用石头堆砌的高设花坛。

图中的是在加入了硬质培养土的花坛里盛开的星芹。它们在日本关东以西的地区也能存活好几年。

第 **4** 章

花坛种植与植物的基础知识

本章总结了种植花坛植物前需要了解的基本知识，为您介绍植物的种类与生长周期、植物的搭配方法、必需的工具、施肥方法及病虫害的防治方法等内容。

零失败的一坪花坛植栽计划

用草花为一坪花坛营造季节感

打造花坛是一项创造性的工作，需要巧妙利用草花这种素材，在有限的空间内呈现出季节的变迁感。景观虽然小，却充满了成就感，可愉悦心灵。

虽然园艺植物包括树木（庭院树）、多年生草本植物（含宿根植物、球根植物）、一年生和二年生草本植物（参见第100页），但小花坛的植栽计划以多年生草本植物、一年生草本植物为中心制订的。然而在完全晒不到太阳的背阴处或明亮的背阴处，能够开花的植物十分有限，因此可以在花坛中加入小灌木来调节平衡。

实例

半背阴的庭院

（第22页介绍了开花状况）

下图中左侧（西侧）有几棵庭院树，花坛有部分处于半背阴环境，有半天的日照时间。在晒得到太阳的位置种了三色堇（小花品种）、头花蓼等植物。

灌木（彩叶）

1	铁筷子	7	酸模	13	头花蓼
2	矾根	8	藿香	14	薹草
3	松果菊	9	琉璃菊	15	糖芥
4	小盼草	10	宿根紫菀	16	匍匐福禄考
5	落新妇	11	欧耧斗菜	17	三角紫叶酢浆草
6	山桃草	12	三色堇（小花品种）	18	墨西哥鼠尾草

19	金球菊
20	秋海棠
21	打破碗花花
22	葱莲

上述植株之间栽种了葱属的秋植型球根植物、原种系郁金香、水仙、葡萄风信子等。

基于日照条件的植栽计划示例

第 10 页说明了在日照充足的地方打造花坛的方法，下面将介绍几个适合不同日照条件的植栽图，以作为您制订植栽计划的参考。此外，这里选择的都是高温高湿条件下也不会枯死的强健植物。

计划 **1** 向阳花坛植栽计划

在日照充足的花坛中，我们可以种植种类丰富的花草。制订计划时，不仅要巧妙搭配株姿、株高、花期不同的植物，营造出百变花坛，也要保证花开不断。

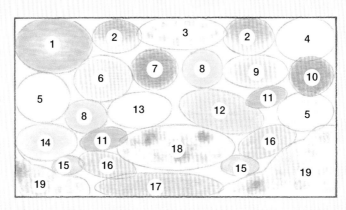

1	老鼠簕（小型种）	6	打破碗花花	11	迷迭香	16	宿根马鞭草
2	毛地黄	7	毛剪秋罗	12	老鹳草	17	丛生福禄考
3	黄金菊	8	耧斗菜	13	鬼针草	18	一年生草本植物 + 欧洲银莲花
4	黄红火炬花	9	随意草	14	绵毛水苏		
5	木茼蒿	10	马利筋	15	铃兰	19	一年生草本植物 + 水仙

赏花月历

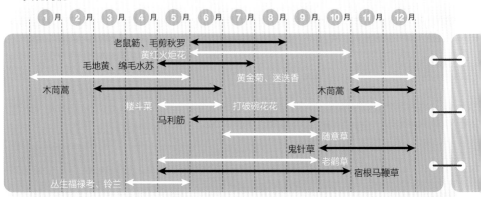

可以把不耐夏季直射阳光的植物和全年喜欢树荫的植物组合起来。能够在半背阴处开花的植物较少，但只要搭配好斑叶的植物，便能欣赏到五彩缤纷的百变花坛。

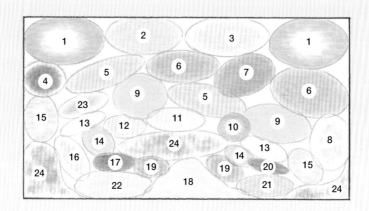

1 玉簪（大型种）	**7** 油点草	**13** 淫羊藿	**19** 辽吉侧金盏花
2 紫菀	**8** 大吴风草（斑叶）	**14** 铃兰	**20** 血红石蒜
3 钓钟柳	**9** 耧斗菜	**15** 花叶蕺菜	**21** 筋骨草
4 东方百合	**10** 玉簪（小型种）	**16** 短柄岩白菜	**22** 圆叶过路黄
5 地黄	**11** 蝴蝶花	**17** 朝鲜白头翁	**23** 日本安蕨变型
6 白及	**12** 秋海棠	**18** 野芝麻	**24** 一年生草本植物

赏花月历

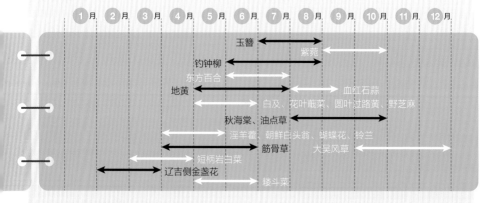

计划 **3**　明亮背阴花坛植栽计划

在穿过树隙的阳光照射下的花坛，我们可以灵活地加入耐阴性强的灌木[一]等植物。如果再加上苔藓、可作为蔬菜的植物[二]，那么在背阴处也能打造出富于变化的趣味花坛。

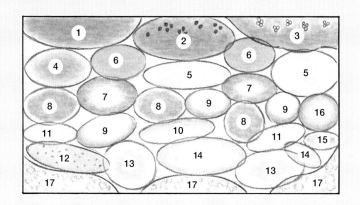

1 蜘蛛抱蛋	**6** 蘘荷	**11** 长柄鸢尾	**16** 大吴风草
2 青木（灌木）	**7** 玉簪（中型种）	**12** 大叶蓝珠草	**17** 一年生草本植物
3 草珊瑚（灌木）	**8** 矾根	**13** 活血丹	（凤仙花、四季秋
4 短葶山麦冬	**9** 铁筷子	**14** 野芝麻	海棠，冬季时为
5 蝴蝶花	**10** 黄水枝	**15** 短柄岩白菜	卷柏）

赏花月历

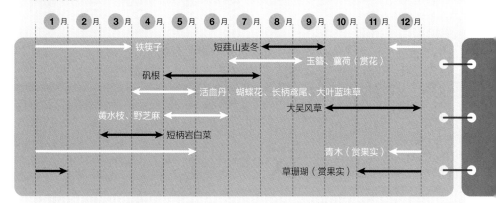

　〇　具有耐阴性的小型常绿灌木有木藜芦、野扇花，以及能观赏果实的紫金牛和假叶树等。

　〇　冬季有活力的、可作为蔬菜或香草种植的植物有羽衣甘蓝、君荙菜、酸模等。

制订计划前的工作

❶ **熟悉花坛的环境**（参见第6、106页）

❷ **构想画面**

根据庭院的环境，思考自己想要一个什么样的花坛吧。想象喜爱的花坛的样子，比如在向阳环境中生机勃勃的多彩花坛，在半背阴环境中氛围自然的和谐花坛，或者是以白色、蓝色、粉色等色彩为基调的花坛。

不要光顾着看园艺书籍，也要积极参观处于花季的植物园、公共花园，平时就养成"走路时仔细观察"的习惯。这样定能找到花坛种植的窍门，如植物的组合方法、搭配花色和叶色的方法等。

❸ **选择植物**

要打造出心目中的花坛，选择植物是最关键的一点。以植物为画笔，在花坛这块画板上尽情地作画吧。若将目标设为花朵全年常开，或者至少从春季开到秋季，可按以下①~③条来选择植物。

①调查适合在花坛环境中生长的植物信息，按大小（株高）、花期列出植物清单。再根据清单，把生长速度、喜欢的温度、耐寒性、耐热性、耐湿性、耐干性等习性类似的植物组合起来。这样更方便管理，也有助于植物的生长。在自己熟悉的知识范围内搭配植物，并慢慢地记在心里。

②制作植栽图。根据植物清单按个人喜好搭配植物的颜色、外形、质感，您既可以让植物和谐融为一体，也可以令它们形成鲜明对比（第25页开始的第2章中介绍了适合在小花坛种植的植物）。

③寻找搭配灵感。

• 考虑植物的适配度（如果在生长旺盛的植物旁边种植生长缓慢的植物，那么后者容易变虚弱）。

植物的和谐共生正是花坛的魅力。根据花期有效利用一年生草本植物。

植物的搭配没有限制，蔬菜和香草也可以被加入花草之间。图中前排右侧的是香草植物酸模，其红色的叶脉好看极了。

- 在不同位置分别种上几株同种类的植物，这样会更加有韵律感，还能形成植物的高低落差。

❹植物的购买

确定好要栽种的植物后，就可以去购买了。但是，宿根植物和球根植物并非全年都在流通，通常仅在种植的适宜期、开花期才有销售。平时可以逛一逛附近的园艺店，多了解苗的销售时期（流通时期）。

好苗的分辨方法：

- 根部结实、植株稳固。
- 没有徒长（没有过度生长）、壮实。
- 叶片颜色浓郁，没有病虫害迹象。
- 一年生草本的苗开始形成花蕾。
- 早春时节的宿根植物芽点粗壮结实。

主要植物的流通时期　（以日本关东地区以西为准；在寒冷地区，一些植物的流通时期会有变化）

流通时期	宿根植物（开花株）	宿根植物（苗）	球根植物	一年生草本植物
早春（1—2月）	小花仙客来、辽吉侧金盏花、报春花、黑铁筷子、木贼蒿、雪割草等	铁筷子、铁线莲等	欧洲银莲花、水仙、雪滴花等秋植型球根植物的开花株或萌芽的球根	瓜叶菊、龙面花、三色堇、报春花等
仲春（3—4月）	筋骨草、淫羊藿、大黄花虾脊兰、骨子菊、勋章菊、老鹳草、樱草、丛生福禄考等	百子莲、桔梗、玉簪、毛地黄、华丽滨菊、宿根紫菀、宿根马鞭草等	朱顶红、美人蕉、唐菖蒲、嘉兰、大丽花等春植型球根植物	凤仙花、金鱼草、石竹、雏菊、粉蝶花、四季秋海棠等
初夏（5—6月）	百子莲、落新妇、松果菊、桔梗、铁线莲、玉蝉花、萱草等	菊类、宿根紫菀、金光菊等	开花株：百合、大丽花　球根：葱莲	香彩雀、波斯菊、鞘蕊花、百日菊、千日红、长春花、向日葵等
盛夏（7—8月）	桔梗、随意草、向日葵、金光菊等	—	秋水仙、常春藤叶仙客来、黄韭兰、石蒜	观赏辣椒、繁星花、大花马齿苋
秋（9—10月）	菊类、紫菀、墨西哥鼠尾草、秋海棠、打破碗花花、大吴风草等	金球菊、山桃草、铁筷子、铁线莲，以及各种春季曾流通的苗	开花株：园艺仙客来　球根：水仙、郁金香，以及各种秋植型球根植物	糖芥、三色堇、羽衣甘蓝等

1

花坛的草花为一年生、二年生草本植物与多年生草本植物

1~2 年就枯死的一年生、二年生草本植物与长寿的多年生草本植物

可花坛里种植的草花多种多样，如果植株在播种后的一年内开花（结果）、枯萎，这种就叫一年生草本植物（而生长时间超过 1 年，于第二年开花、枯萎的植物属于二年生草本植物）。也就是说，对于一年生草本植物，我们每年都需要将之从种子培育成苗，然后种进花坛。

如果种子发芽后可生长好几年，并且每年都在固定的时间开花，这种类型的草花就叫多年生草本植物（在原产于热带地区的多年生草本植物中，有的会因日本冬季的严寒气候而枯萎，因此可将之当作一年生草本植物来种植）。

多年生草本植物包括宿根植物、球根植物

多年生草本植物自然生长在世界各地的多种环境里，并因生长地区的不同环境而分成许多类型。其中有些多年生草本植物的原产地在高山、寒冷地带、有旱季的干燥地区，它们能经受住寒冷或干燥的考验，但为了在不宜生长的时期存活，植株的地上部分会枯萎。在寒

一年生、二年生草本植物

花后会掉落种子，植物随后枯萎。

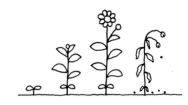

多年生草本植物（球根植株）

球根的子球会变多，通过分球繁殖，在不宜生长的时期植株会进入休眠状态。

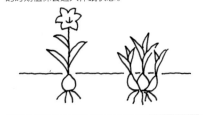

多年生草本植物（宿根植物）

母株的周围长出子株，植株变成丛生状，通过地下茎繁殖，每年都会开花。

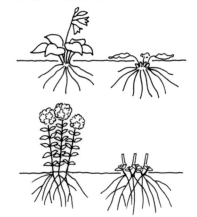

冷或干燥时期有的植株的地下部分会存活在土壤中，于次年春季或雨季再次开始生长。这一类型的多年生草本叫"宿根植物"，在多年生草本中很有辨识度。也有常绿的宿根植物种类，它们主要分布在热带和亚热带地区。另外，球根植物也是一种多年生草本植物。它们以球根的形式储存养分，在土壤中度过不宜生长的时期（休眠）。

多年生草本植物需要隔几年进行一次移栽或分株

多年生草本植物的特征是种下后可以生长好几年，但大部分只在每年的固定时期开花。而且植株的体积会越来越大，变成过度扩张的状态。最终，植株不仅花量会变少，还会破坏花坛植物搭配的平衡。因此，每隔几年就应进行一次移栽或者分株。

我们可以为花坛搭配常绿性的多年生草本植物、宿根植物、球根植物，花朵稀少的时期还可栽种一年生草本植物，以此享受全年变化、多彩的花坛。管理前了解每种植物喜欢的环境，这样应该就能打造出一片生机勃勃、充分体现植物特征的花坛。

铁筷子为常绿的多年生草本植物，植株会逐年长大。

三色堇（小花品种）为一年生草本植物，初夏结种后枯萎。

银扇草为二年生草本植物，初夏播种后，于次年的初夏开花，并在当年夏季掉落种子，然后枯萎。

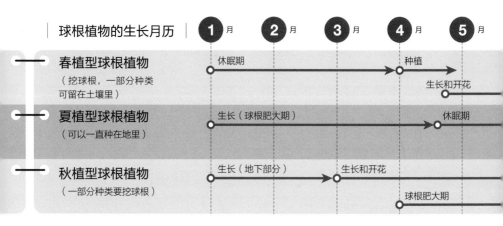

球根植物的生长月历	**1**月	**2**月	**3**月	**4**月	**5**月
春植型球根植物 （挖球根，一部分种类 可留在土壤里）	休眠期			种植 生长和开花	
夏植型球根植物 （可以一直种在地里）	生长（球根肥大期）			休眠期	
秋植型球根植物 （一部分种类要挖球根）	生长（地下部分）		生长和开花	球根肥大期	

养护管理的注意事项

❶种植的深度

将球根植物种在庭院与花坛中时，通常埋土的厚度为球根高度的 2 倍，种植的间隔为 3 个球根的距离。不过，

当郁金香等秋植型球根植物的一部分叶片变黄了，就把植株挖出来。

百合会从球根上方长出吸收养分的上盘根，因此要种得深一些（参见第 14 页）。

❷挖球根与保存球根

球根植物分为需要在休眠期挖出来保存的和可以一直种在地里的。春植型球根植物，如鸢尾科等耐寒性差的种类适合把球根挖出来保存，而同样是春植型球根植物的大丽花、美人蕉等种类则可以一直种在地里，通过培土来防寒。

可以一直种在地里的球根植物主要有这些种类：春星韭、猪牙花、酢浆草、马蹄莲、水仙、夏雪片莲、黄韭兰、葱莲、根据栽种时间的不同，球根植物分为春植型球根植物、夏植型球根植物与秋植型球根植物。它们各自的生长周期如下图所示。

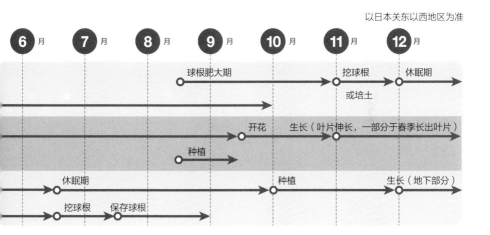

以日本关东以西地区为准

鹿葱、风信子、石蒜、雄黄兰等。

球根的保存方法分为干燥保存和湿润保存。大部分球根的保存方法是干燥保存，即将球根晾干后直接保存，但不喜过度干燥的种类的球根需要埋在蛭石、木屑等材料中进行湿润保存。球根适合湿润保存的种类有大丽花、美人蕉、朱顶红、马蹄莲、猪牙花、百合、贝母等。对于这些球根植物，我们需要将挖出的球根上的泥土清理干净，晾干后将球根和干燥的蛭石等材料一同装进箱子里保存（参见第81页）。

大多球根需要干燥保存。从左往右依次为香雪兰、郁金香、鸢尾。

知识 **3** 花坛种植与管理的必需工具

工具

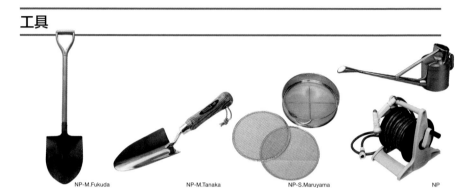

NP-M.Fukuda

铁锹（尖头）

铁锹是挖土、耕地的必需工具。小型铁锹用起来更方便。

NP-M.Tanaka

移栽铲

移栽铲不仅可用于种苗，还能挖苗、挖栽植坑、小面积耕土。选择不锈钢等材质的结实的铲子即可。

NP-S.Maruyama

园艺网筛

园艺网筛用于筛土。一套园艺网筛通常包含粗孔、中孔、细孔3种网筛。

NP

洒水壶（带软管与花洒）

洒水壶用于浇水。安装在洒水壶、管子上的花洒应尽量选择细孔的。孔越细，水流越稳定，适合用于播种后浇水等。

NP-M.Tanaka

枝剪

枝剪用于修剪直径为1~2cm的枝条，但也可以用于为宿根植物进行修剪、分株等工作。

NP-Y.Itoh

芽剪

芽剪是一种小型剪刀，也被称为摘果剪、花剪，用来剪残花等很是方便。

NP

除草镰刀

除草镰刀是用于除草的小型镰刀。

NP-Y.Itoh

园艺手套

园艺手套有涂层，可防止您的手被刺扎伤。

另外也请准备美工刀、小型铁耙、桶、镊子等工具吧。

土壤改良材料与肥料

优质的土壤兼具良好的排水性、保水性、保肥性。要想改良花坛土壤，就少不了土壤改良材料。改良土壤通常用的是腐叶土等腐殖土与中和土壤酸性用的石灰材料。

腐叶土：这种土是由阔叶树的落叶腐熟而成的，是通气性、排水性、保肥性都很出色的代表性土壤改良材料。它与赤玉土等混合后，也能用作盆栽的培养土。另外，它还是不可缺少的护根材料。如果腐叶土里还有成形的叶片就代表没有腐熟，请不要使用。

堆肥：堆肥由牛粪、树皮等有机物堆积发酵而成，通气性、排水性优秀，可以用来为花坛和菜园养土。堆肥也要用完熟的（干爽无臭味）。

石灰材料：日本的土壤略偏酸性，养土时一般会用石灰来中和（酸性土壤缺少植物生长必需的磷元素，也不利于有益的微生物生存）。改良土壤使用的石灰材料多为有机石灰和苦土石灰，即便立即栽种植物，也不会给植物造成很大的伤害。

肥料：用法参见第 87 页。

**用于基肥的
迟效复合肥料**

（质量分数：氮元素 6%、磷元素 40%、钾元素 6% 等）

这种肥料富含促进植物开花的磷元素，会在根系分泌的酸性物质作用下分解，肥效时长为 1 年。

**用于基肥和追肥的
迟效复合肥料**

（质量分数：氮元素 10%、磷元素 18%、钾元素 7% 等）

这种肥料是基肥、追肥两用的，肥料颗粒被裹上了一层树脂，即使接触到根系，也不会对其造成任何伤害。肥效时长约为 1 年。

腐叶土

腐叶土由落叶腐熟而来，保水性、通气性优秀，能够使土壤肥沃。需要使用完熟的腐叶土。

有机石灰

有机石灰由牡蛎等天然贝壳经灼烧、干燥后粉碎制成，含有钙元素等。

确认日照量

打造花坛之前，请先确认您家庭院的日照条件吧。

一般来说，日照条件分为向阳、半背阴、明亮背阴、背阴。在不同的日照条件下，可栽种的植物也有所不同。像第10页、第94~97页中列举的植栽计划，就是根据向阳、半背阴、明亮背阴等日照条件来组合种植植物的。

向阳处指一天中日照超过半天的地方，半背阴处是一天中有 2~3h 日照的地方，背阴处、明亮背阴处则是没有阳光直射的地方。落叶树的下方可以被视为明亮的半背阴处，这里从春季至秋季都有叶缝间洒下的阳光。另外，如果花坛所在之处比较开阔，旁边没有高墙、建筑物，或者建筑物的白色墙壁能够反射光线，使花坛处在明亮的背阴环境中，我们便可以栽培适应半背阴环境的植物，特别是凤仙花、四季秋海棠等开花的种类。所以，请仔细观察背阴环境的明亮程度吧。

太阳的高度随季节而变，日照时长也会随之变化。夏季太阳位置较高，日出早、日落晚，春秋时期背阴的区域在夏季的日子里有时也能晒到太阳。反之，冬季太阳位置较低，日出晚、日落早，就一天而言，有的地方会提前变成背阴环境。

请您环顾住房的四周，仔细观察随季节变化的日照条件。如果能找到夏季有日晒的位置，可以在那里种植夏秋开花的宿根植物。

如何在半背阴、明亮背阴庭院中顺利培育植物

与有日晒的位置相比，许多半背阴处、明亮背阴处都通风恶劣、排水性差。所以，我们应对种植区域进行充分的土壤改良以提升排水性。另外，高设花坛也是一种有效提升排水性的方法。如果周围种有常绿树等植物，需要对树木进行疏枝，尽可能地改善通风。

打造花坛时，我们可以在空地上多做一些尝试，比如实验性地栽种自己喜欢的植物，这样也能使乐趣加倍。

即使花坛在朝北的路边，只要早上能晒到一点儿阳光，玉簪、铁筷子等植物就能生长。

早上只能晒到2h太阳的北面小道。
铁筷子盛开在落叶树的下方。

5 病虫害的防治

令植株健康生长，
没有害虫与疾病。

预防病虫害

只要生活健康，人就不易生病。植物也一样，健康地生长，才能远离疾病与害虫。因此，管理花坛时我们要注意以下3点，这有助于防止病虫害的出现。

❶维护好适合植物生长的环境，确保日照、通风、排水等条件良好

❷施营养均衡的肥料，避免营养不足或者过量（如过多的氮肥会令植物变得娇弱，容易生病）

❸每天观察，尽早发现疾病与害虫，通过去除患病部位来预防重症

如果再注意以下事项，预防效果将更上一层楼。

- 勤除花坛及周围的杂草，消除病虫害的"潜伏环境"。

- 在多雨时期，通过护根来防止泥土被雨滴溅起。沾在叶片上的泥土是疾病的一大诱因。

- 为花坛植物种上伴生植物，以驱除害虫，吸引益虫（参见第67页）。

可如果依然出现了病虫害，就需要喷洒对症的药剂了。仔细阅读药剂的说明书，使用时遵循用法和剂量。要是用错浓度或连续使用同一种药剂，就有可能使病原体和害虫产生抗药性，结果会导致过量使用药剂。

如果室外的花坛中栽种了种类丰富的植物，虽然很难出现大规模严重的病虫害（多品种栽培，意味着病原体或害虫各自"喜欢"的植物数量不多，因此很难出现大规模病虫害），但可能会少量出现。我们以预防为基本方法，而出现病虫害时请参考下一页的表格进行防治。

图中附着在萱草上的印度修尾蚜是一种身上裹着蜡质物质的大蚜虫。可以用药剂防治。

卷蛾幼虫会卷起叶片，潜藏在里面，并啃食叶片。发现后立即捕杀。

图中的是患上白粉病的福禄考，趁病情不太严重时用药剂治疗。

花坛中容易出现的病虫害

病虫害只要发现得早，许多时候可不使用药剂。请参考下面的表格来记住病虫害的出现时期及情况或症状吧。

虫害

害虫	出现时期 （虫害严重时期）	情况	处理方法
蚜虫	4—11 月 （4—6 月、 9—10 月）	长 1~2mm 的小虫聚集在叶片背面、茎上、花蕾上吸取汁液，使得茎叶变形、变色，植株出现生长不良的情况。沾有排泄物的叶片会变黑，染上叶斑病	早期发现后，戴手套捏死虫子或用旧牙刷将之清理掉。也可使用反光的胶带以达到驱虫效果。蚜虫数量多时需要用药剂
夜蛾	3—10 月 （4—6 月、 9—10 月）	夜蛾的幼虫成群地取食叶片背面，它们长大后主要在夜间活动，会大肆取食叶片、新芽、花朵等	发现后连虫子同叶片一起摘掉。当夜蛾幼虫长大后，我们需要在夜间用手电筒等照明工具搜寻、观察，发现它们后立即捕杀，数量多时需要用药剂
叶螨	3—10 月 （8—9 月）	叶螨会附着在叶片背面，以刺吸式口器吸食汁液。叶片被刺的部位将出现白色斑点，斑点变多后整枚叶片都会泛白，不久后植物会生长不良，甚至枯死	叶螨容易出现在高温干燥的时期。可通过为叶片浇水来防止干燥，同时还要改善通风。发现叶螨时，于晴天为叶片背面浇水，或喷洒稀释了 1000 倍的牛奶
蛞蝓	3—11 月 （6—7 月、9 月）	蛞蝓会在雨天和夜间大肆啃食茎叶、新芽、花朵	发现后立刻用筷子或镊子将之清理掉。拔除花坛及周边的杂草，收拾干净枯叶、多余的石头、材料以减少防治死角。蛞蝓大量出现时，用捕捉器（用于捕捉害虫的陷阱）除虫，效果很不错

疾病

疾病	出现时期	症状	处理方法
白粉病	4—10月	叶片等部位生出霉菌，仿佛撒上了一层白色粉末。随着疾病的恶化，叶片会萎缩、变黄，甚至枯萎。这种病也会出现在干燥时期	保持环境通风良好，避免过度施肥（尤其是氮肥）。病症不太严重时，可以摘除出现病斑的叶片；病情严重时则喷洒杀菌剂
灰霉病	4—11月	该病容易在气温偏低的潮湿环境下发生。起初，花和叶上出现斑块，随后症状逐渐扩散，不久生出灰色的霉菌，病斑部位将会枯死	改善通风，尽早令潮湿的部位变干。勤摘受伤的叶片与残花。出现病症时，尽早摘除有病斑的部位；病情扩散时则喷洒药剂
锈病	4—11月	叶片等部位出现大量橙色或白色的霉斑，看起来像铁锈一样。病情加重后，叶片将变黄、枯死，植株生长不良	为维持植物健康的状态，应注意不要断肥。在发病初期尽快摘除病斑部位，但病情扩散时需要喷洒药剂
病毒性疾病	全年	叶片和新芽上长出马赛克状的斑纹，或萎缩、变形、变色等	努力防治蚜虫等吸取汁液的害虫，它们是传播病毒的媒介。使用剪刀等工具前，应先用燃气火焰对工具进行灼烧。患病的植株不会再恢复，因此要尽快拔除并处理掉

植物名索引

本部分整理的植物所对应的页码
为有其图片的页码。

名词解释

移栽

移栽即把种在花盆、庭院里的植物种进其他地方。盆栽若不定期进行移栽，植株根系就会盘结，进而影响到生长发育。为防止长势减弱，庭院栽培的植物大多需要隔几年进行 1 次分株并重新栽种。

晚霜

这种霜的出现要晚于春季最后一次下霜的平均时间。在日本关东以西的地区，晚霜指 4 月中旬后下的霜。

株间距

株间距指栽种多棵植株时，植株与植株的间距。如果生长阶段的植株间没有合适的间距，就容易出现闷热、徒长的情况。

分株

分株即通过分割长大的植株来繁殖植物。这也是一种更新植物的方法。

缓释肥料

这是能够缓慢释放养分、长期发挥作用的肥料。

寒肥

寒肥即冬季为处于休眠期的植物施的肥料。它有利于植物春季的发芽。对于草花，我们可以使用由发酵油粕制作的固体肥料、缓释复合肥料等。

修剪

修剪指剪短伸长的枝条和茎等，可以调整植株杂乱的株姿，控制株高。

扦插

扦插是一种繁殖方法：把枝条、茎剪下后插进培养土，令其形成根系。

石灰

石灰用于中和容易因降雨变为酸性的土壤，包括苦土石灰、有机石灰、熟石灰等，每一种都是碱性的。其中苦土石灰含镁元素，有机石灰含矿物质、钙元素等，使用效果都比熟石灰稳定，且使用后可以立刻种苗。但建议尽量在种植的 1~2 周前将之和肥料一起加入土壤，并且搅拌均匀。

速效肥料

这是施肥后能立刻被根系吸收的一种肥料，作用时间通常不长。液体肥料属于代表性速效肥料。

中耕

中耕即轻轻翻起土壤的表层，以改善其通气性和排水性，同时也可除草。

追肥

这是在生长期施的肥料，用以补充植物缺失的养分。

养土

养土即为了让土壤变成适合植物生长、兼具良好排水性与保水性的肥沃土壤，把腐叶土、堆肥等腐殖质和肥料、石灰等一同拌进土壤，充分翻土。

定植

定植指把培育的苗种在目的位置。虽然草花需要依具体种类情况而定，但基本是在苗长出 5~8 枚真叶时进行定植。

摘心

摘心即摘除植物的枝梢、茎梢，一般是为了促进下方的节分枝（令其形成腋芽），增加枝条数量。

徒长

徒长即因氮肥过量、缺少阳光、高温等导致枝条和茎旺盛生长、节间变长的现象。这会使植株变得虚弱，开不出优质的花朵。

根系盘结

植株如果一直长在同一个花盆里，根系就会布满盆内。在这种状态下，植株对养分与水分的吸收会变差，长势会变弱。

根球

指植株脱盆时（或从庭院土壤挖出来时）根系与土壤结成的团。

摘残花

摘残花指摘除即将开败的花朵（残花）。残花一旦形成种子，就会夺取植株的养分。另外，淋雨后的残花容易引起灰霉病等问题，因此需要及时摘除。

基肥

这是种植前预先施的肥料。为了植株能健康生长，一定不要忘记基肥。

Original Japanese title: NHK SYUMI NO ENGEI 12 KAGETSU
SAIBAINAVI DO CHIISANA NIWA WO TSUKURU

Copyright © 2022 Kouno Yoshio

Original Japanese edition published by NHK Publishing, Inc.

Simplified Chinese translation rights arranged with NHK Publishing, Inc. through The English Agency (Japan) Ltd. and Shanghai To-Asia Culture Co.,Ltd.

北京市版权局著作权合同登记　图字：01-2022-5381号。

美术指导

冈本一宣

设计

铃木久美子、高砂结衣、
大平莉子（O.I.G.D.C.）

摄影

竹田正道

插图

江口明美

图片提供

Arsphoto

摄影协助

河野营

DTP

Dolphin

校对

安藤美纪惠、前冈健一

编辑协助

臼田正

策划与编辑

向坂好生（NHK出版）

图书在版编目（CIP）数据

小庭院花坛12月栽培笔记 /（日）河野义雄著；谢鹰译.—北京：机械工业出版社，2024.1

（NHK趣味园艺.技能提升系列）

ISBN 978-7-111-74337-8

Ⅰ.①小⋯　Ⅱ.①河⋯②谢⋯　Ⅲ.①花坛-观赏园艺　Ⅳ.①S688.3

中国国家版本馆CIP数据核字（2023）第228330号

机械工业出版社（北京市百万庄大街22号　邮政编码100037）

策划编辑：于翠翠　　　　　　　责任编辑：于翠翠

责任校对：肖　琳　李　婷　　　责任印制：任维东

北京瑞禾彩色印刷有限公司印刷

2024年1月第1版第1次印刷

148mm×210mm・3.5印张・2插页・139千字

标准书号：ISBN 978-7-111-74337-8

定价：45.00元